Dominik Krauße

Synthese von Frequenzgangskompensationsnetzwerken

Dominik Krauße

Synthese von Frequenzgangskompensationsnetzwerken

Ein Syntheseverfahren für integrierte Breitband-Signalverstärker

Südwestdeutscher Verlag für Hochschulschriften

Impressum / Imprint

Bibliografische Information der Deutschen Nationalbibliothek: Die Deutsche Nationalbibliothek verzeichnet diese Publikation in der Deutschen Nationalbibliografie; detaillierte bibliografische Daten sind im Internet über http://dnb.d-nb.de abrufbar.

Alle in diesem Buch genannten Marken und Produktnamen unterliegen warenzeichen-, marken- oder patentrechtlichem Schutz bzw. sind Warenzeichen oder eingetragene Warenzeichen der jeweiligen Inhaber. Die Wiedergabe von Marken, Produktnamen, Gebrauchsnamen, Handelsnamen, Warenbezeichnungen u.s.w. in diesem Werk berechtigt auch ohne besondere Kennzeichnung nicht zu der Annahme, dass solche Namen im Sinne der Warenzeichen- und Markenschutzgesetzgebung als frei zu betrachten wären und daher von jedermann benutzt werden dürften.

Bibliographic information published by the Deutsche Nationalbibliothek: The Deutsche Nationalbibliothek lists this publication in the Deutsche Nationalbibliografie; detailed bibliographic data are available in the Internet at http://dnb.d-nb.de.

Any brand names and product names mentioned in this book are subject to trademark, brand or patent protection and are trademarks or registered trademarks of their respective holders. The use of brand names, product names, common names, trade names, product descriptions etc. even without a particular marking in this works is in no way to be construed to mean that such names may be regarded as unrestricted in respect of trademark and brand protection legislation and could thus be used by anyone.

Coverbild / Cover image: www.ingimage.com

Verlag / Publisher:
Südwestdeutscher Verlag für Hochschulschriften
ist ein Imprint der / is a trademark of
AV Akademikerverlag GmbH & Co. KG
Heinrich-Böcking-Str. 6-8, 66121 Saarbrücken, Deutschland / Germany
Email: info@svh-verlag.de

Herstellung: siehe letzte Seite /
Printed at: see last page
ISBN: 978-3-8381-3492-5

Zugl. / Approved by: Ilmenau, TU, Diss., 2012

Copyright © 2012 AV Akademikerverlag GmbH & Co. KG
Alle Rechte vorbehalten. / All rights reserved. Saarbrücken 2012

Vorwort

Die Ideen der vorliegenden Arbeit entstanden während meines Aufenthaltes im *Institut für Mikroelektronik und Mechatronik Systeme GmbH*. In dieser Zeit wurde ein neues Design für einen Blu-ray-Disc-Chip für 8-fach bzw. 12-fach Laufwerke zur Datenspeicherung von HD-TV-Inhalten entworfen.

Ein Schwerpunkt der Entwicklung war ein kompletter Neuentwurf eines Breitband-Signalverstärkers, einem Transimpedanzverstärker. Der Neuentwurf war notwendig, da die schon vorhandenen Entwürfe einerseits stark optimiert waren und die harten Anforderungen dennoch nicht erreichten, andererseits entstanden durch vergangene Modifikationen der vorhandenen Schaltungen sehr komplexe „Transistorgräber", bei denen teilweise einige Bauelemente keine Funktionalität besaßen.

Aus diesem Grund wurde eine Entwurfsstrategie entwickelt, angefangen vom Topologieentwurf, dessen anschließende strukturierte Modifikation bis zur Nachoptimierung. Insbesondere wurde der Schwerpunkt auf die angewendeten Kompensationen gelegt, die für sehr leistungsfähige Schaltungen geeignet sind.

Dabei stellte sich ein Zusammenhang heraus, der auch in der Hochfrequenztechnik bekannt ist. *„Einfache Strukturen führen zu leistungsfähigen Schaltungen"*. Dies war allerdings nicht ausreichend, da die Anforderungen bezüglich der Parameter der Leistungsaufnahme und Bandbreite zu streng waren. Auch Schaltungsoptimierer brachten hier keinen Erfolg.

Vorwort

Damit war klar, dass dieses Problem nur mit einem systematischen Topologieentwurf gemischt mit ständigen gezielten Strukturmodifikationen, die sowohl das statische als auch das dynamische Verhalten günstig beeinflussen, gelöst werden kann.

Da zur Lösung dieses Problems sehr viel netzwerktheoretisches Wissen und analytische Betrachtungen notwendig sind, wurde das Analysewerkzeug Analog Insydes [Fra] des Fraunhofer ITWM eingesetzt. Damit war es erstmals möglich, die Topologie einer Schaltung gezielt automatisiert zu verändern.

Einen Großteil der Inspiration für diese Arbeit lieferte die Dissertation von Herrn Dr.-Ing. Eckhard Hennig [Hen00], die eine Grundlage für die neue Methodik schaffte.

Das entstandene Verfahren dient zur automatischen Synthese von Kompensationsnetzwerken und wurde an mehreren Schaltungen eindrucksvoll getestet, wobei die Ergebnisse sehr überraschend und ungewöhnlich sind.

Inhaltsverzeichnis

Vorwort   1

Inhaltsverzeichnis   7

Danksagung   9

Kurzfassung   11

Abstract   15

1 Einleitung   **17**
    1.1 Entwurf analoger integrierter Schaltungen 17
    1.2 Einordnung der Arbeiten in den Entwurfsablauf 22
       1.2.1 Motivation 22
       1.2.2 Aufgabenstellung 24
    1.3 Aufbau der Arbeit 25

2 Stabilität und Kompensation rückgekoppelter Breitbandverstärker   **27**
    2.1 Netzwerkgleichungen 28
       2.1.1 Linearisierung nichtlinearer Netzwerke 28
       2.1.2 Gleichungsformulierung linearer Netzwerke 30

Inhaltsverzeichnis

2.2	Stabilitätstheorie		35
	2.2.1	Frequenzgang und Übertragungsfunktion	35
	2.2.2	Charakteristisches Polynom und Stabilitätsbegriffe	38
2.3	Der einfache Regelkreis		43
2.4	Stabilitätsprüfung in der Schaltungstechnik am Modell des einfachen Regelkreises		44
	2.4.1	Das Nyquist-Kriterium	45
	2.4.2	Amplituden- und Phasenrandkriterium im Frequenzgang	48
	2.4.3	Stabilitätsprüfung mittels Polstellen des geschlossenen Kreises	50
	2.4.4	Middlebrooks Methode	54
2.5	Klassische Kompensationsmethoden für rückgekoppelte Breitbandverstärker		55
	2.5.1	Die Pole-Splitting-Kompensation oder Millerkompensation	59
	2.5.2	Kompensation mittels frequenzabhängigem Gegenkopplungsnetzwerk	64
	2.5.3	Negative Miller Capacitance Compensation	66
	2.5.4	Frequenzgangskompensation mehrstufiger Verstärker	67
2.6	Frequenzgangskompensation mit Hilfe symbolischer Methoden		67
2.7	Schlussfolgerung		73
3	**Kompensation durch direkte Eigenwertverschiebung**		**75**
3.1	Formulierung des Eigenwertproblems		76
3.2	Eigenwertverschiebung in der Energietechnik		77
3.3	Kompensation durch manuelle Topologiemodifikation		78
3.4	Automatische Topologiemodifikation durch Eigenwertempfindlichkeiten		82

3.5 Optimierungsverfahren zur Dimensionierung in der Schaltungstechnik 87
    3.5.1 Optimierung ohne Nebenbedingungen 87
    3.5.2 Liniensuche als Optimierungsverfahren 89
    3.5.3 Schrittweitenverfahren 92
    3.5.4 Nebenbedingungen und Strafterme 94
    3.5.5 Ableitungsfreie Verfahren 94
3.6 Synthese von Kompensationsnetzwerken mittels Koordinatensuchverfahren 96
    3.6.1 Zielfunktion 96
    3.6.2 Algorithmus zur Kompensation 97
    3.6.3 Fallbeispiel: Folded-Cascode-Spannungsverstärker 100
3.7 Synthese von Kompensationsnetzwerken mittels Gradientenverfahren 107
    3.7.1 Zielfunktion 107
    3.7.2 Eigenwertverschiebung durch ein Gradientenverfahren 110
    3.7.3 Optimierung aller Eigenwertlagen 113
    3.7.4 Butterworth-Zielfunktion 116
    3.7.5 Probleme des gradientenbasierten Verfahrens ... 118
    3.7.6 Fallbeispiel: Miller-Operationsverstärker 121
3.8 Implementierungsdetails der Algorithmen 128
    3.8.1 Konnektierungsproblematik 128
    3.8.2 Hierarchieerkennung 129
    3.8.3 Flächenbegrenzung 129
3.9 Schlussfolgerung 130

4 Entwurf eines Breitband-Signalverstärkers   **131**
4.1 Entwurfsstrategie 132
4.2 Systemkonzept 133

- 4.3 Topologieauswahl 135
  - 4.3.1 Vorüberlegungen zur Verstärkungsanforderung des Transimpedanzverstärkers 137
  - 4.3.2 Topologieentwurf 137
  - 4.3.3 Dimensionierung der Topologie 143
- 4.4 Verifikation und Frequenzgangskompensation 146
- 4.5 Bottom-Up-Tuning des Transimpedanzverstärkers 151
  - 4.5.1 Verhalten des unkompensierten TIA 151
  - 4.5.2 Kompensation des TIA mit dem Koordinatensuchverfahren 155
  - 4.5.3 Simulationsergebnisse des Breitbandverstärkers nach der Kompensation 159
  - 4.5.4 Nachoptimierung mittels Schaltungsoptimierer 163
  - 4.5.5 Ergebnisse der Nachoptimierung 165
  - 4.5.6 Ausbeuteoptimierung 171
- 4.6 Schlussfolgerung 174

5 Ergebnisse und Ausblick **177**
- 5.1 Chipimplementation 177
- 5.2 Messergebnisse 180
  - 5.2.1 Messung am einzelnen TIA 180
  - 5.2.2 Messung am Gesamtchip 180
- 5.3 Ausblick und zukünftige Arbeiten 182
  - 5.3.1 Verbesserung des gradientenbasierten Verfahrens 182
  - 5.3.2 Klärung der Wirkprinzipien 183
  - 5.3.3 Erweiterung auf nichtlineare Problemstellungen 184
  - 5.3.4 Nutzung anderer Kompensationszweige 184
- 5.4 Schlussfolgerung 185

Nomenklatur **187**

Literatur **189**

Danksagung

Die vorliegende Arbeit entstand während meiner Tätigkeit als wissenschaftlicher Mitarbeiter am Lehrstuhl für „Elektronische Schaltungen und Systeme" der Technischen Universität Ilmenau.

Danken möchte ich an dieser Stelle meinem Hochschullehrer Prof. Ralf Sommer und Dr. Eckhard Hennig (IMMS) für die Unterstützung, die vielen anregenden aber auch anstrengenden Diskussionen und Ratschläge, die zum Gelingen meiner Arbeit beigetragen haben sowie Herrn Prof. Lars Hedrich für die Übernahme des Gutachtens und das damit bekundete Interesse an meiner Arbeit.

Des Weiteren möchte ich mich bei den Kollegen der ehemaligen Optogruppe des IMMS für das Interesse und die Verwirklichung meiner Ideen danken.

Meinen Kollegen des Fachgebietes ESS danke ich für die aufmunternden und motivierenden Worte, diese Arbeit endlich fertig zu stellen, und das kollegiale Arbeitsklima.

Ich danke meinen Freunden Eric Schäfer und Jacek Nowak für die wissenschaftlichen Zuarbeiten, Diskussionen, Kritiken und den Spaß, der mich immer wieder aufgemuntert hatte.

Danksagung

Nicht zuletzt möchte ich meiner Familie, besonders aber meiner Frau Carina Krauße und meiner Tochter Elli Marisa für die Unterstützung und Motivation während der schwierigsten Momente danken.

Ilmenau, im September 2011

Dominik Krauße

Kurzfassung

Die moderne Kommunikationstechnik unterliegt der Forderung, immer größere Datenmengen zu übertragen. Dabei werden z.B. von Sensoren sehr schwache Signale aufgenommen, die anschließend verstärkt werden müssen. Die Signalverstärker, die heutzutage dafür benötigt werden, müssen Frequenzbereiche von Null bis hin zu mehreren hundert MHz und damit mehrere Frequenzdekaden abdecken. Gleichzeitig wird aufgrund dieser Bandbreitenforderung die Stabilität von Verstärkerschaltungen mit zunehmender Frequenz zu einem Problem in der Schaltungstechnik. Stabilität bedeutet im weitesten Sinne, dass ein Verstärker bei beliebiger Anregung keine Schwingungsneigung am Ausgang zeigt.

In der integrierten Schaltungstechnik werden sehr häufig gleichstromgekoppelte Verstärker eingesetzt, die auf dem Prinzip der Gegenkopplung beruhen, d.h. ein Teil des Ausgangssignales wird in den Eingang eingekoppelt. Diese können laut Nyquistkriterium instabil werden, wenn das zurückgekoppelte Signal eine Phasendrehung der Art aufweist, dass sich bei Addition von Eingangs- und rückgekoppelten Signal die Amplitude vergrößert. Damit wird aus der Gegenkopplung eine Mitkopplung oder positive Rückkopplung. Die gleiche Problematik trifft auch für Verstärker der Hochfrequenztechnik zu, bei denen die Gegenkopplung aus parasitären Elementen besteht.

Üblicherweise wird Stabilität bei Verstärkern dadurch erreicht, indem man den Frequenzgang kompensiert. Das kann dadurch geschehen, dass der

Kurzfassung

Frequenzbereich, in dem der Verstärker zu Schwingungen neigt, durch Kompensationsnetzwerke bedämpft wird und damit keine Anregung durch Rückkopplung auf den Eingang der Schaltung mehr vorhanden ist. Der Nachteil, der dadurch erkauft wird, ist, dass die Bandbreite eines frequenzgangskompensierten Verstärkers gegenüber der unkompensierten aber instabilen Schaltung sehr stark verringert wird. Der Grund dieser Verringerung liegt in der Art und Weise der Kompensationsmethodik. Konventionell wird zur Bestimmung der Stabilitätseigenschaften der Gegenkopplungspfad eines Verstärkers aufgetrennt, auch offene Schleife genannt, und der Frequenzgang untersucht. Tritt die Bedingung für die Instabilität, die aus der Regelungstechnik abgeleitet ist, im Übertragungsfrequenzbereich der Schaltung auf, so wird die Schaltung so stark bedämpft, bis die Bedingung für die Stabilität erfüllt (Phasendrehung zwischen Eingangs- und rückgekoppelten Signal < 180°) ist. Das kann dazu führen, dass Verstärkerschaltungen nach der Kompensation nur noch einige Hz an Bandbreite besitzen und somit nicht mehr für Breitbandanwendungen geeignet sind. Als Anwendungsgebiet sind hier Videoverstärker zu nennen, die von 0 Hz...einigen 100 MHz eine konstante Verstärkung aufweisen müssen.

Im Rahmen dieser Arbeit soll ein methodischer Ansatz vorgestellt werden, der automatisch mit Hilfe des Rechners Frequenzgangskompensationsnetzwerke für Breitband-Signalverstärker synthetisiert. Diese Methodik basiert nicht mehr auf den regelungstechnischen Ansätzen der offenen Schleife zur Stabilitätsuntersuchung, sondern auf der Bestimmung von Eigenwerten und Eigenwertempfindlichkeiten, aus denen Schlussfolgerungen über einzubringende komplexe Kompensationsnetzwerke gezogen werden. Diese Kompensationsnetzwerke werden anschließend mit den Methoden der mathematischen Optimierung dimensioniert und nachträglich mit modernen Schaltungsoptimierern frequenzgangsoptimiert. Der Vorteil des neuen Verfahrens, welches auch direkte Kompensation genannt wird, ist, dass die nun kompensierte Verstärkerschaltung genau für ihren speziellen

Anwendungsfall konzipiert ist und somit Bandbreiten erreicht werden, die durch konservative Ansätze nicht möglich waren.

Das Syntheseverfahren läuft vollautomatisch ab und kommt ohne Kenntnis der Eigenschaften der Verstärkerstrukturen und ohne Expertenwissen aus. Die gesamte Methodik wird anhand eines Komplettentwurfs eines industriell gefertigten Signalverstärkers für HD-TV-Anwendungen demonstriert.

Abstract

Modern communication systems are required to transmit a continuously increasing amount of data. Therefore, weak signals have to be detected and amplified. Today's signal amplifiers need to cover frequency ranges from zero to several hundred MHz, i.e. multiple decades. Simultaneously, due to high bandwidth requirement, stability of these amplifiers gets more and more problematic in circuit design. Stability implies that an arbitrarily stimulated amplifier is void of oscillation tendencies at its output port.

Direct coupled amplifiers, which are based on the principle of negative feedback, are often employed in integrated circuits. According to Nyquist's criterion, these circuits may get unstable if the feedback signal is phase-shifted and is added in a positive manner to the input signal. Hence, the negatively intended degeneration becomes a positive feedback. The same problematic is valid for radio-frequency circuits, where the feedback path is composed of parasitic elements.

Stability is usually achieved by compensation of the circuit's frequency response. Damping of the frequency range which tends to oscillate is one option to assure stability. Feedback from the output to the input of the circuit is reduced with this approach. However, the disadvantage of a frequency-response compensated amplifier is an immensely decreased bandwidth compared to the uncompensated circuit. The reason of this degradation lies in

Abstract

the fashion of the compensation methodology. Conventionally, the feedback loop is opened, and the frequency response is investigated. If the criterion for instability, known from control theory, becomes true within the frequency range of interest, the circuit is damped until the stability condition is met, i.e. the phase shift between input and feedback signal must be less than 180 degrees. This can result in small bandwidths of only a few Hz after compensation, which renders these amplifier circuits ineligible for wideband applications. Typical applications are video-signal amplifiers which need to provide a constant gain from 0 to several 100 MHz.

Within this dissertation a methodological approach is presented which computer-aidedly synthesizes frequency-compensation networks for wideband-signal amplifiers. In contrast to the control-theory and open-loop based approaches, the methodology introduced in this work is based on eigenvalues and eigenvalue sensitivities, which are used to gain conclusions about sophisticated compensation networks that are to be inserted. Following, these networks are sized by means of mathematical optimization, and, subsequently, their frequency responses are tuned with modern circuit optimizers. The advantage of this method is that the final circuits are designed for their particular applications, and, therefore, bandwidths can be attained which are impossible to reach with conservative approaches.

The synthesis scheme is totally autonomous and can be used without any expert knowledge about the circuits' properties. The methodology is demonstrated with entire design of an industrial signal amplifier for HDTV applications.

Eine wirklich gute Idee erkennt man daran, dass ihre Verwirklichung von vorn herein ausgeschlossen erschien.

Albert Einstein (∗ 1879 - † 1955)

Einleitung

1.1 Entwurf analoger integrierter Schaltungen

Integrierte Schaltungen, ob analog, digital oder beides (Mixed-Signal-Schaltungen) [Bak09], sind in der heutigen Zeit kaum wegzudenken. Sie bestimmen das Leben der heutigen Gesellschaft, angefangen bei der Konsumerelektronik (Handys, LED-TV usw.) über die Kraftfahrzeugtechnik bis hin zu Steuerungsanlagen für große Fabriken. Überall sind integrierte Schaltungen enthalten.

Durch die immer fortschreitende Entwicklung der Halbleitertechnologien und neuer Prozesse, wie z.B. MEMS, kann immer mehr Funktionalität auf kleinstem Raum untergebracht werden. Geringe Verlustleistung, kleiner Flächenbedarf und hohe Geschwindigkeiten sind die Vorteile von integrierten Schaltungen. Dabei werden heutzutage analoge, digitale Funktions-

KAPITEL 1. EINLEITUNG

einheiten, sogar Sensoren und Aktuatoren auf einem Chip untergebracht (heterogenes System) [Klu03, Lue03]. Die Schwierigkeiten liegen allerdings im Entwurf der analogen Schaltungsteile, da dieser weitestgehend manuell von erfahrenen Schaltkreisdesignern vollzogen wird. Dies liegt unter anderem an der Vielfalt der existierenden Schaltungen, deren nahezu unendlicher Variabilität in der Dimensionierung und Kombinierbarkeit. Hinzu kommt, dass jede analoge Schaltung unterschiedliche spezifische Größen besitzt. Abbildung 1.1 zeigt die Entwurfssichten und -ebenen in der analogen Schaltungstechnik [GDWL94, Kam05, MAP97] und wird die Problematik verdeutlichen. Auf der obersten Ebene existiert die vorgelegte Spezifikation. Sie ist der Ausgangspunkt für den Entwurfsprozess und liefert eine formale Beschreibung des Verhaltens oder der Funktionsweise des zu entwerfenden Systems. Diese Verhaltensbeschreibung ist in der analogen Schaltungstechnik eine Möglichkeit, Schaltungsstrukturverhalten zu beschreiben bzw. zu modellieren. Sie dient zur Verringerung des Berechnungsaufwandes während der Verifikation, um die Funktionsfähigkeit von großen Systemen verifizieren zu können. Dabei existieren zwei Modellierungsvarianten, die strukturnahe Modellierung und die strukturferne Modellierung [Arl98]. Bei der strukturnahen Modellierung wird das Modell auf Basis der Struktur eines vorhandenen funktionalen Elementes erstellt, welches nur in zulässigen Toleranzbereichen gültig ist und/oder eine geringere Genauigkeit in gewissen Grenzen besitzt [SHT⁺99]. Bei der strukturfernen Modellierung werden nur die Eigenschaften eines funktionalen Elementes nachgebildet und sie orientiert sich dabei nicht an der topologischen Struktur [Kam05].

Die Spezifikation stellt eine Verhaltensbeschreibung dar, welche als strukturfern angesehen werden kann, und hat nichts mit einer Schaltungsstruktur gemeinsam. Um von der Verhaltensachse zur (Schaltungs-)Struktur zu gelangen, muss ein Strukturentwurf durchgeführt werden. Ist der Strukturentwurf vollständig automatisiert und ein Eingreifen des Schaltkreisentwicklers nicht notwendig, so nennt sich dieser Vorgang *Synthese*. Synthese ist jedoch in der analogen Schaltungstechnik im Gegensatz zum digitalen Schaltungsentwurf weitestgehend nicht durchführbar. Eine der wenigen Ausnahme ist die Filtersynthese [Unb93]. Aufgrund dieses fehlenden Synthesewerkzeuges wird in der Praxis häufig der in Abbildung 1.2 dargestellte Ablauf zum Entwurf von analogen Schaltungen genutzt.

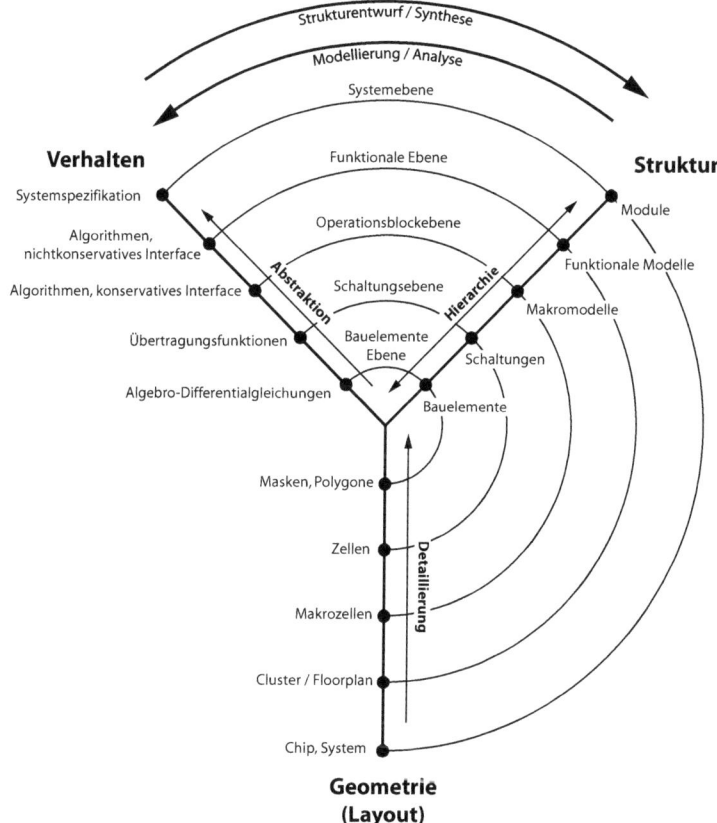

Abbildung 1.1: Y-Diagramm des Analogentwurfs [Kam05, MAP97]

KAPITEL 1. EINLEITUNG

Der Entwurfsablauf beginnt mit einer Spezifikation, die z.b. das elektrische Verhalten einer zu entwerfenden Schaltung beschreibt. Anschließend kommt es zum Topologieauswahlprozess, welcher ein sehr stark wissensbasierter Prozess ist und dessen Qualität von der „Wissensbasis" des Schaltkreisentwicklers abhängt. Die Topologieauswahl ist eines der größten Probleme des analogen Schaltungsentwurfs und ist derzeit immer noch Gegenstand der Forschung [DCR05, WH06]. Dies liegt u.a. an der Vielfalt der Spezifikationskenngrößen und der Schaltungsklassen, die im analogen Bereich möglich sind. Ist für die geforderte Spezifikation in der „Wissensbasis" keine geeignete Topologie vorhanden, so muss der Entwickler diese selbstständig neu entwickeln. Dieser Prozess kann mit Hilfe eines hierarchischen Entwurfsstiles abgearbeitet werden. Dabei wird eine Topologie von der obersten bis zur untersten Abstraktionsebene auf der Strukturachse ständig verfeinert und erweitert. Dabei können strukturferne Verhaltensmodelle und reale Bauelemente gleichzeitig im Topologieentwurfsprozess auftreten, um Funktionsmechanismen zu realisieren.

Die Dimensionierung einer Topologie kann methodischer realisiert werden. Dimensionierung bedeutet dabei, dass Bauelementewerte, wie z.B. Widerstandswerte oder Weiten und Längen von Transistoren, ermittelt werden müssen. Im Digitalentwurf ist weitestgehend keine Dimensionierung notwendig, da hier meist Minimaltransistoren, d.h. minimal mögliche Weite und Länge, genutzt werden. Im Analogentwurf jedoch kann sie mit Hilfe vereinfachter analytischer Gleichungen näherungsweise berechnet und anschließend mit Hilfe von Simulationswerkzeugen in eine genaue Dimensionierung überführt werden, so dass die Spezifikation erfüllt wird [Arl98]. Des Weiteren existieren Werkzeuge zur Dimensionierung von analogen Schaltungen, die auf Optimierungsansätzen beruhen [Grä07, Mun]. Dabei werden in einem ersten Schritt alle Parameter einer Schaltung so lange variiert, bis zuvor festgelegte Gleichstrom-Bedingungen erfüllt wurden (z.B. Sättigungsbedingungen bei MOS Transistoren). Im zweiten Schritt wird eine erneute Optimierung durchgeführt, die aber nun versucht, geforderte Spezifikationsparameter zu erfüllen. Wird die Spezifikation trotz Optimierung nicht erreicht, so muss der Schaltungsentwickler seine erzeugte Topologie modifizieren, in dem z.B. weitere Schaltungsteile oder Regelkreismechanismen [IF04] hinzugefügt werden. Sind alle

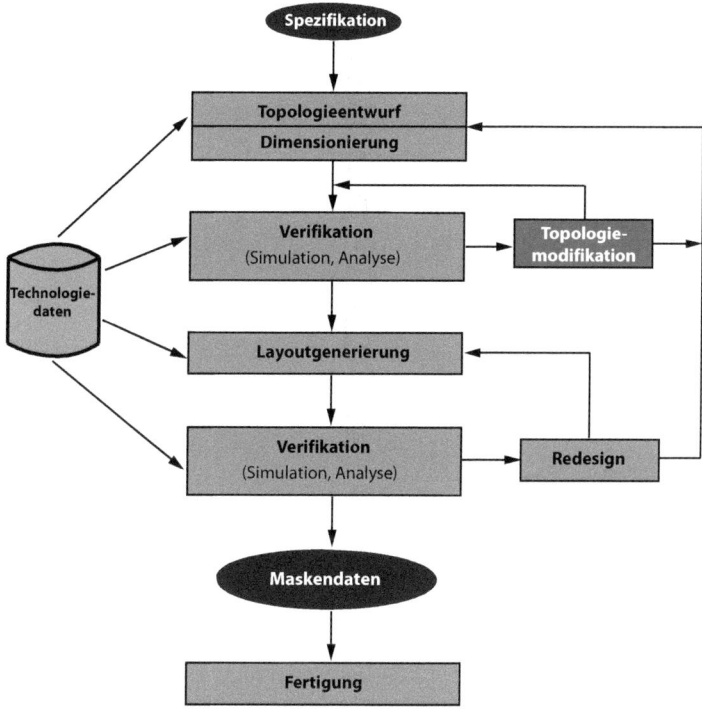

Abbildung 1.2: Entwurfsablauf

gestellten Anforderungen erfüllt, so kommt es nach der ersten Verifikationsphase zur Layoutgenerierung. Durch Extraktion des Layouts kann aus dem Layout eine simulierbare Netzliste erzeugt werden. Damit ist es möglich, eine Verifikation mit allen parasitären Effekten durchzuführen, so dass möglichst realitätsnahe Ergebnisse erhalten werden. Sollten bei der zweiten Verifikationsphase Probleme auftreten, so kann durch eine Re-Design-Phase das Layout verändert werden. Führt dies nicht zum Erfolg, so ist die eigentliche Schaltungstopologie zu verändern oder im schlechtesten Fall zu verwerfen.

Wurde jedoch die zweite Verifikationsphase erfolgreich durchlaufen, so werden anschließend die Maskendaten generiert und die Schaltung gefertigt.

An diesem Entwurfsablauf ist zu erkennen, dass ein sorgfältiger Entwurf und eine frühzeitige Erkennung von Entwurfsfehlern zu enormen Kosteneinsparungen führt. Eine späte Korrektur (Re-Design) lässt die Kosten enorm ansteigen [AW84].

1.2 Einordnung der Arbeiten in den Entwurfsablauf

1.2.1 Motivation

Vor allem in der Konsumerelektronik im Bereich der HD-TV-Anwendungen sind enorme Datenraten zur Speicherung von Inhalten erforderlich. Dazu werden zur Signalaufnahme und Verstärkung häufig so genannte *Breitbandverstärker* eingesetzt. Diese Breitbandverstärker, auch DC-gekoppelte Breitbandverstärker genannt, müssen über große Frequenzbereiche (von 0 Hz bis mehrere 100 MHz) eine konstante Verstärkung aufweisen. *Blu-ray-Disc*-Laufwerke enthalten genau solche schnellen Breitbandverstärker, die das Signal des Lasers aufnehmen, verstärken und an eine Steuereinheit weitergeben, die das optische System regelt. Die elektronische Einheit, die das Lasersignal aufnimmt, heißt PDIC (Photo Detector Integrated Circuit) [Blu10].

Diese PDICs haben ganz unterschiedliche Systemarchitekturen [Raz03, S05]. Einige dieser Architekturen sind in Abbildung 1.3 dargestellt. Alle

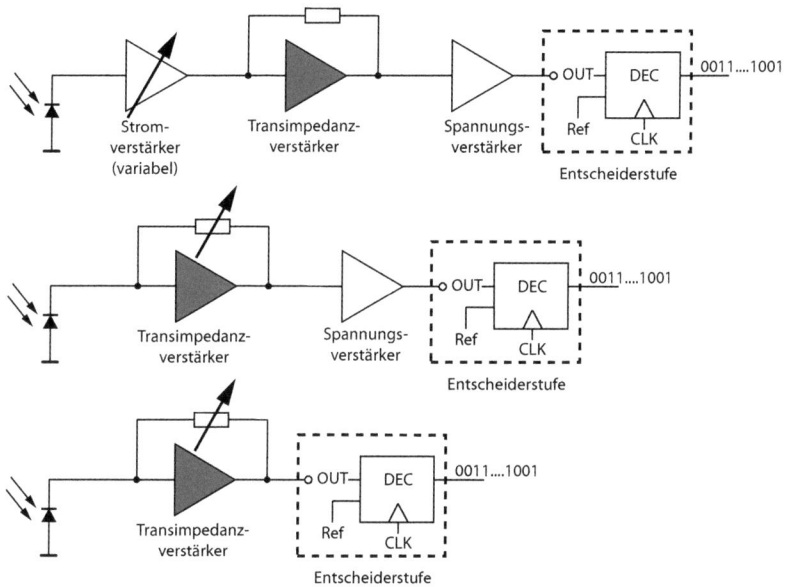

Abbildung 1.3: Konzepte eines Blu-ray-Disc-Empfängersystems

diese Architekturen haben eines gemeinsam: den Transimpedanzverstärker. Dieser ist in optoelektronischen Systemen immer vorhanden und wandelt einem Fotostrom oder einen zum Fotostrom proportionalen Strom in eine Spannung um, die dann meist noch einmal weiter verstärkt wird. Der Transimpedanzverstärker ist damit eines der wichtigsten Baugruppen in optoelektronischen Verstärkersystemen.

Alle Verstärker dieser Kette sind DC-gekoppelte Breitbandverstärker, die in den heutigen Blu-ray-Disc-Laufwerken mit 12-facher Schreibgeschwindigkeit Bandbreiten von 0 Hz bis knapp 500 MHz besitzen müssen [Blu10]. Zusätzlich dürfen diese Systeme nur eine sehr geringe Leistungsaufnahme besitzen, da sie auch für portable Anwendungen wie Notebooks geeignet sein sollen.

Das Problem verschärft sich zusätzlich, wenn die Verstärkung solcher Breitband-Signalverstärker in diesem Frequenzbereich sehr große Werte

KAPITEL 1. EINLEITUNG

besitzen und zusätzlich regelbar sein soll. Abbildung 1.4 zeigt die wich-

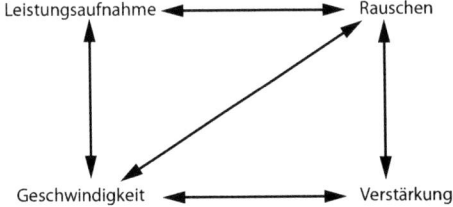

Abbildung 1.4: Gegensätzliche wichtige Parameter beim Entwurf von Transimpedanzverstärkern

tigsten Parameter beim Entwurf von Transimpedanzverstärkern, die jedoch nicht alle gleichzeitig zu verbessern sind. Meistens liegen die Probleme solcher Verstärkerschaltungen in einer zu geringen Bandbreite.

1.2.2 Aufgabenstellung

Da üblicherweise Breitbandverstärker so aufgebaut werden, dass die Verstärkung sehr genau durch ein Rückkopplungsnetzwerk eingestellt wird [Sei03], können am Ausgang der Schaltung die in Abbildung 1.5 dargestellten Schwingungseffekte auftreten.

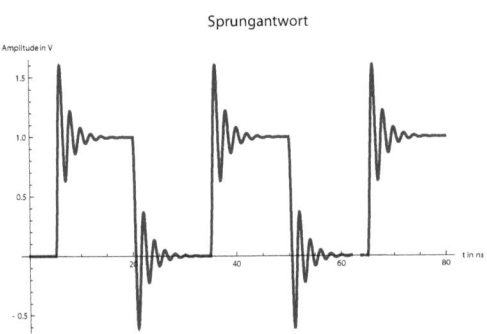

Abbildung 1.5: Sprungantwort eines Verstärkers in geschlossener Schleife

KAPITEL 1. EINLEITUNG

Dies stellt aber gerade beim rückgekoppelten Verstärkerentwurf, bei denen die Verstärker eine sehr große Bandbreite aufweisen sollen, ein Problem dar, da durch die bekannten Maßnahmen (Frequenzgangskompensation) zur Reduktion dieser Schwingungseffekte die Bandbreite des Verstärkers sehr stark verringert wird.

Um hier die vorhandene Schaltungstopologie nicht verwerfen zu müssen, ist es sinnvoll, über alle Hierarchieebenen der Schaltung hinweg eine Strukturmodifikation vorzunehmen, die allerdings nur automatisiert vollzogen werden kann, da die Auswirkungen und Zusammenhänge der Modifikation auf andere Kenngrößen der Topologie vom Entwerfer nicht überblickt werden können. In dieser Arbeit soll ein Werkzeug entwickelt werden, welches automatisiert im Entwurfsablauf den Schritt der Topologiemodifikation (Abbildung 1.2) übernehmen kann, ohne dass Expertenwissen notwendig ist. Diese Modifikation mit gleichzeitiger automatischer Dimensionierung wird so lange durchgeführt, bis die Spezifikation erfüllt wird. Dies entspricht einem *Syntheseschritt* mittels Strukturmodifikation zur Reduktion von Schwingungseffekten in Breitband-Signalverstärkern.

1.3 Aufbau der Arbeit

In Kapitel 2 werden die Grundlagen zur Stabilitätstheorie und Frequenzgangskompensation von Breitbandverstärkern gelegt. Dabei wird auf die Ursachen von Instabilitäten in linearen (rückgekoppelten) Netzwerken eingegangen. Des Weiteren werden die Methoden zur Bestimmung der Stabilitätsmaße und Verbesserung des Stabilitätsverhaltens von rückgekoppelten Verstärkerschaltungen beschrieben. Darauf aufbauend wird in Kapitel 3 ein eine neuartige Methodik zur Kompensation vorgestellt, die eine automatisierte Stabilisierung von rückgekoppelten Verstärkerschaltungen ermöglicht. Dazu wird ein Stabilitätskriterium vorgestellt, welches auf der Lage von Eigenwerten beruht. Das Kompensationsverfahren selbst basiert

KAPITEL 1. EINLEITUNG

auf einer automatisierten Verschiebung von Eigenwerten. Darüber hinaus können die Netzwerke zur Kompensation vollständig synthetisiert werden. Die mathematischen Verfahren, die zur Synthese solcher neuen Kompensationsnetzwerke notwendig sind, werden ebenfalls abgeleitet und dargestellt.

In Kapitel 4 wird ausgehend von einer industriell gegebenen Problemstellung ein Teil einer Verstärkerkette der Leseeinheit für Blu-ray-Disc-Laufwerke anhand eines kompletten Schaltungsentwurfs eines Breitband-Signalverstärkers (Transimpedanzverstärker) vorgestellt. Ausgehend von der Systembeschreibung werden sukzessive die Anforderungen an den zu entwerfenden Signalverstärker abgeleitet. Gefolgt von einer hierarchisch strukturierten Entwurfsmethodik, wird der Breitbandverstärker auf Transistorebene entworfen. In einem zweiten Schritt werden die Methoden zu Synthese von Kompensationsnetzwerken angewendet. So entsteht ein für Blu-ray-Disc tauglicher Transimpedanzverstärker, an dem die Funktionsfähigkeit und Praxistauglichkeit des neuen Kompensationsverfahrens demonstriert wurde. Die Ergebnisse, die durch das automatisierte Kompensationsverfahren erhalten werden, sind vielversprechend und überraschend und sind für andere Breitbandanwendungen durchaus einsetzbar. Die Arbeit endet mit Ergebnissen der entwickelten Schaltung und einem Ausblick.

2

Stabilität und Kompensation rückgekoppelter Breitbandverstärker

Die analoge integrierte Schaltungstechnik für Breitbandverstärker baut sehr häufig auf dem Prinzip der Rückkopplung auf. Dies liegt vor allem darin begründet, dass sich aufgrund von Parameterschwankungen der Bauelemente der heutigen kleinen Technologien keine absoluten Werte, z.B. Widerstandswerte, genau fertigen lassen. Somit lassen sich auch Verstärkungswerte nicht absolut genau einstellen. Durch die Rück- oder Gegenkopplung ist es möglich, solche Kenngrößen der Schaltungen auf Bauelementeverhältnisse, meist Widerstandsverhältnisse, zu beziehen, die sich sehr wohl genau fertigen lassen. Zusätzlich bringt diese Art der Schaltungstechnik einige Vorteile mit sich. Zum Beispiel können harmonische

Verzerrungen durch Gegenkopplung verringert werden, Aussteuerungsbereiche sind extrem linear usw.[LS94].

Aber es gibt auch Nachteile: durch Rückkopplung können Schaltungen, vor allem Verstärkerschaltungen, instabil werden. Um zu verstehen, warum dies so ist, werden in den nächsten Abschnitten die Stabilitätstheorie und die Möglichkeiten zur Unterbindung von Instabilitäten von Breitbandverstärkern diskutiert.

2.1 Netzwerkgleichungen

Die Verfahren zur Stabilitätstheorie und zur Kompensation bauen auf der Analyse von linearen dynamischen Netzwerken auf. Da jedoch die Verstärkerschaltungen im Allgemeinen aus nichtlinearen Elementen, wie Transistoren, aufgebaut sind, wird im Folgenden auf die Linearisierung nichtlinearer Netzwerke und auf die Gleichungsaufstellung linearer Netzwerke eingegangen.

2.1.1 Linearisierung nichtlinearer Netzwerke

In der analogen Schaltungstechnik gibt es zahlreiche Schaltungsklassen, z.B. Mischer, Oszillatoren, Verstärker usw. Viele von diesen Schaltungen werden mit nichtlinearen Elementen entworfen und sind demnach selbst nichtlinear. In der integrierten Schaltungstechnik werden Verstärker sehr häufig mit Hilfe von Rückkopplungen aufgebaut [AH02]. Dadurch wird der Verstärker in einen Arbeitspunkt gebracht. Um diesen Arbeitspunkt kann sein Verhalten in einem begrenzten Spannungs- oder Strombereich (umgangssprachlich „kleines Eingangssignal") im weitesten Sinne als linear angesehen werden [Wup96a], indem die nichtlineare Kennlinie durch eine Taylorreihe im Arbeitspunkt approximiert wird. Die Wirkung eines Eingangssignals auf den nun im Arbeitspunkt als linear angesehenen Verstärker bezeichnet man als Kleinsignalverhalten oder AC-Verhalten.

KAPITEL 2. STABILITÄT UND KOMPENSATION RÜCKGEKOPPELTER BREITBANDVERSTÄRKER

Mit Hilfe der schon erwähnten Taylorreihe kann eine nichtlineare Kennlinie $f(x)$ eines Bauelementes linearisiert und daraus die Kleinsignalparameter und Kleinsignalersatzschaltbilder abgeleitet werden. Dabei wird die Taylorreihe nach dem linearen Glied abgebrochen [Wup96a]

$$f(x) \approx f(x_0) + \underbrace{\left.\frac{df(x)}{dx}\right|_{x=x_0} (x - x_0)}_{\text{Kleinsignalverhalten}}. \quad (2.1)$$

x_0 ist der Punkt, in der die nichtlineare Kennlinie $f(x)$ linearisiert wird. Der Punkt $f(x_0)$ stellt den Arbeitspunkt des nichtlinearen Netzwerkes dar, um den mit $\Delta x = x - x_0$ ausgesteuert wird. Damit lässt sich $f(x)$ als Summe aus Arbeitspunktanteil und dem Kleinsignalverhalten beschreiben. Ein Kleinsignalparameter eines nichtlinearen Netzwerkelementes kann demnach durch [VS03]

$$\left.\frac{df(x)}{dx}\right|_{x=x_0} \quad (2.2)$$

bestimmt werden. Hat ein Netzwerkelement [Chu87] mehrere Eingänge (z.B. ein Transistor), so ist zur Linearisierung die mehrdimensionale Taylorreihe zu verwenden

$$\mathbf{f}(\mathbf{x}) \approx \mathbf{f}(\mathbf{x}_0) + \Im_f(\mathbf{x}_0)(\mathbf{x} - \mathbf{x}_0). \quad (2.3)$$

Die Kleinsignalparameter lassen sich dann mit Hilfe der Jacobimatrix $\Im_f(\mathbf{x})$ [Chu75]

$$\Im_f(\mathbf{x}) = \begin{pmatrix} \frac{\partial f_1(a)}{\partial x_1} & \frac{\partial f_1(a)}{\partial x_2} & \cdots & \frac{\partial f_1(a)}{\partial x_n} \\ \vdots & \vdots & \ddots & \vdots \\ \frac{\partial f_m(a)}{\partial x_1} & \frac{\partial f_m(a)}{\partial x_2} & \cdots & \frac{\partial f_m(a)}{\partial x_n} \end{pmatrix} \quad (2.4)$$

bestimmen. Durch die Linearisierung und die daraus entstandenen Kleinsignalersatzschaltbilder [Wup96a] wird eine analytische Berechnung, vor allem von rückgekoppelten Systemen, erheblich vereinfacht.

2.1.2 Gleichungsformulierung linearer Netzwerke

Für die Formulierung von Netzwerkgleichungen linearer Netzwerke gibt es aus der Literatur mehrere Ansätze. Zwei der bekanntesten Ansätze sind die Knotenanalyse und die Sparse-Tableau-Formulierung [VS03, Ogr94, Chu75]. Die in den meisten Schaltungssimulatoren verwendete Variante ist eine abgeleitete Version der Knotenanalyse - die modifizierte Knotenanalyse (MNA - Modified Nodal Analysis). Sie sollen im Folgenden kurz dargestellt und diskutiert werden.

Formulierung mit der Sparse-Tableau-Analyse

Eine Möglichkeit der Gleichungsaufstellung ist der Sparse-Tableau-Ansatz. Dabei werden die topologischen Gleichungen, sprich die Kirchhoffgleichungen (Knoten- und Maschengleichungen), und die Elementebeziehungen in einem Gleichungssystem aufgeführt. Es ergibt sich

$$\begin{pmatrix} \mathbf{A} & \mathbf{0} \\ \mathbf{0} & \mathbf{B} \\ \mathbf{P} & \mathbf{Q} \end{pmatrix} \cdot \begin{pmatrix} \mathbf{i} \\ \mathbf{u} \end{pmatrix} = \begin{pmatrix} \mathbf{0} \\ \mathbf{0} \\ \mathbf{s} \end{pmatrix}. \tag{2.5}$$

Die Matrizen $\mathbf{A}$ bzw. $\mathbf{B}$ stellen die Knoten- bzw. Mascheninzidenzmatrizen dar [VS03, Ogr94] und bilden so die Kirchhoffschen Knoten- und Maschengleichungen. Die letzte Zeile von Gleichung 2.5 nennt sich *Belevitch-Form* und bildet die Elementebeziehungen. $\mathbf{i}$ und $\mathbf{u}$ sind die Zweigströme und Zweigspannungen. Die Sparse-Tableau-Formulierung wird für sehr große Netzwerke selten genutzt, da die Anzahl der erhaltenen Gleichungen sehr groß ist ($2b \times 2b$ - mit b-Anzahl der Zweige im Netzwerk) und die Maschensuche sehr aufwendig zu implementieren ist.

Formulierung über die Knotenanalyse

Eine kompaktere Darstellung der Gleichungen erhält man, wenn sich bei der Belevitch-Form auf Elemente beschränkt wird, die nur die Dimension eines Leitwertes besitzen. Zusätzlich wird die Orthogonalität der Inzidenzmatrizen **A** und **B** ausgenutzt (Exaktheitsbeziehung) [VS03].

$$\mathbf{AB}^T = \mathbf{0} \quad \text{und} \quad \mathbf{BA}^T = \mathbf{0} \quad \text{und} \quad \text{Rg}(\mathbf{A}) + \text{Rg}(\mathbf{B}) = b \quad (2.6)$$

Das bedeutet, dass eine Lösung der Kirchhoffgleichungen, auch *Kirchhoffraum* genannt, bereits in den Inzidenzmatrizen **A** und **B** enthalten ist [Som93, Ogr94, Chu75, Mat87].

$$\mathbf{u} = \mathbf{A}^T \mathbf{v}_n, \quad (2.7)$$

$$\mathbf{i} = \mathbf{B}^T \mathbf{j}_l. \quad (2.8)$$

Die Variablen $\mathbf{j}_l$ und $\mathbf{v}_n$ erfüllen immer die Kirchhoffgleichungen. Sie bilden eine *Basis des Kirchhoffraumes*, mit der sämtliche Zweiggrößen beschrieben werden können. Eine elektrotechnische Interpretation der Basisvariablen führt auf Schleifenströme $\mathbf{j}_l$ und Knotenpotentiale $\mathbf{v}_n$ [VS03, Mat87]. Der Vorteil dieser Formulierungsweise ist, dass die Basisvariablen automatisch die Kirchhoffschen Gleichungen erfüllen.

Beschränkt man sich bei der Formulierung der Belevitch-Form auf Leitwerte, Stromquellen und spannungsgesteuerte Stromquellen, so kann eine kompaktere Formulierung aus Gleichung 2.5 gewonnen werden, die zur Knotenanalyse führt [VS03, Ogr94]:

$$\mathbf{A}\hat{\mathbf{Y}}\mathbf{A}^T \mathbf{v}_n = \mathbf{A}\mathbf{s}. \quad (2.9)$$

Dabei ist $\hat{\mathbf{Y}}$ die Matrix, die nur Elemente mit der Dimension eines Leitwertes enthält. Der Vorteil der Knotenanalyse ist, dass in dem Matrixprodukt $\mathbf{A}\hat{\mathbf{Y}}\mathbf{A}^T$ markante Ausfüllmuster für die Leitwertelemente auftreten und somit das Verfahren der Knotenanalyse leicht auf einem Rechner implementiert werden kann [VS03].

Formulierung über die Modifizierte Knotenanalyse

Die Nachteile der Knotenanalyse [Chu87, VS03], dass zur Formulierung der Netzwerkgleichungen nur Leitwerte, unabhängige Stromquellen und spannungsgesteuerte Stromquellen zugelassen waren, behebt die modifizierte Knotenanalyse. Sie lässt sich ganz allgemein für jedes lineare Netzwerk aufstellen:

$$\begin{pmatrix} \mathbf{Y} & \mathbf{F} \\ \mathbf{C} & \mathbf{D} \end{pmatrix} \cdot \begin{pmatrix} \mathbf{v_n} \\ \mathbf{i_b} \end{pmatrix} = \begin{pmatrix} \mathbf{j} \\ \mathbf{e} \end{pmatrix} \qquad (2.10)$$

Dabei ist $\mathbf{Y} = \mathbf{A}\hat{\mathbf{Y}}\mathbf{A}^T$ die konventionelle Knotenadmittanzmatrix, wie sie auch bei der Knotenanalyse genutzt wird. Die Matrix $\mathbf{F}$ sind die zusätzlichen Strombeiträge von Elementen, die sich nicht mit der Leitwertformulierung darstellen lassen, d.h. Ströme durch unabhängige und gesteuerte Spannungsquellen, Kurzschlüsse, Steuerzweige von stromgesteuerten Quellen und Widerstände in Impedanzdarstellung. Die Matrizen $\mathbf{C}$ und $\mathbf{D}$ sind die „Zwangsbedingungen" und Elementerelationen der Nicht-Admittanz-elemente. $\mathbf{j}$ und $\mathbf{e}$ sind die Beiträge der unabhängigen Strom- und Spannungsquellen im Netzwerk, $\mathbf{v_n}$ die Knotenpotentiale und $\mathbf{i_b}$ die Zweigströme durch die Nicht-Admittanzelemente.

Der Vorteil der modifizierten Knotenanalyse ist, dass sich die komplette MNA-Matrix aus typischen Mustereinträgen der Netzwerkelemente konstruieren lassen. Eine Ableitung zur Berechnung der MNA-Ausfüllmuster und Auflistung dieser für sämtlich existierende Netzwerkelemente ist in [VS03] zu finden.

Gleichung 2.10 lässt sich mathematisch als lineares Gleichungssystem mit der Systemmatrix $\mathbf{A}$ (nicht die Inzidenzmatrix) darstellen

$$\mathbf{A} \cdot \mathbf{x} = \mathbf{b}. \qquad (2.11)$$

Dabei sind

$$\mathbf{A} = \begin{pmatrix} \mathbf{Y} & \mathbf{F} \\ \mathbf{C} & \mathbf{D} \end{pmatrix} \qquad \mathbf{x} = \begin{pmatrix} \mathbf{v_n} \\ \mathbf{i_b} \end{pmatrix} \qquad \mathbf{b} = \begin{pmatrix} \mathbf{j} \\ \mathbf{e} \end{pmatrix}. \qquad (2.12)$$

Häufig wird davon ausgegangen, dass die **Gleichungsformulierung im Frequenzbereich** mit Hilfe der Laplacetransformation [Wup96a] erfolgt. So ist die Systemmatrix $\mathbf{A}$ eine Funktion in Abhängigkeit von s, wobei

s den Differentialoperator der Laplacetransformation im Frequenzbereich darstellt [Lun07, G97].

Die Lösungsstruktur der Gleichung 2.11 besteht aus der Lösung der homogenen Gleichung

$$\mathbf{A}(s) \cdot \mathbf{x}_{hom} = \mathbf{0} \qquad (2.13)$$

und einer speziellen Lösung $\mathbf{x}_{part}$ der Gleichung 2.11. Die Lösungsmenge von Gleichung 2.11 ist dann

$$\mathbf{x}_{ges} = \mathbf{x}_{hom} + \mathbf{x}_{part}. \qquad (2.14)$$

Besitzt die Gleichung 2.11 eine eindeutige Lösung, so ist $\mathbf{x}_{hom} = \mathbf{0}$ [MV99a].

Netzwerkbeschreibung mit Differentialgleichungen n-ter Ordnung

Im Zeitbereich wird üblicherweise ein dynamisches lineares System mit mehreren Ein- und Ausgängen durch ein System von linearen Differentialgleichungen erster Ordnung und algebraischen Gleichungen beschrieben - das Zustandsraummodell [Lun07, Unb02].

Ein lineares zeitinvariantes Netzwerk mit einem Ein- und Ausgang lässt sich im Zeitbereich durch eine gewöhnliche lineare Differentialgleichungen n-ter Ordnung mit konstanten Koeffizienten darstellen.

$$a_n \frac{d^n y(t)}{dt^n} + a_{n-1} \frac{d^{n-1} y(t)}{dt^{n-1}} + \cdots + a_1 \frac{dy(t)}{dt} + a_0 y(t) = b_0 u(t) + \cdots + b_m \frac{d^m u(t)}{du^m(t)} \qquad (2.15)$$

Mit den Anfangsbedingungen

$$\frac{d^{n-1} y}{dt}(0) = y_{0n}, \ ..., \ \frac{dy}{dt}(0) = y_{02}, \ y(0) = y_{01}. \qquad (2.16)$$

Dabei ist $y(t)$ das Ausgangs- und $u(t)$ das Eingangssignal. Die Differentialgleichung kann aus den Kirchhoffgleichungen und den Elementebeziehungen gewonnen werden. Dabei entspricht die Ordnung der Differentialgleichung der Anzahl der unabhängigen Energiespeicher im Netzwerk.

KAPITEL 2. STABILITÄT UND KOMPENSATION RÜCKGEKOPPELTER BREITBANDVERSTÄRKER

Mit Hilfe der Operatorenrechnung [WS93] kann der Differentialquotient durch den linearen Operator

$$\frac{d^n y(t)}{dt^n} = \mathcal{D}^n \{y(t)\} \qquad (2.17)$$

ausgedrückt werden und aus Gleichung 2.15 wird mit dem Linearitätssatz [WS93]

$$\{\mathcal{D}^n a_n + \mathcal{D}^{n-1} a_{n-1} + \cdots + \mathcal{D} a_1 + a_0\} y(t) = \{b_0 + \cdots + \mathcal{D}^m b_m\} u(t). \qquad (2.18)$$

Es ist festzuhalten, dass nur Systeme mit

$$m \leq n \qquad (2.19)$$

technisch realisierbar sind [Lun07]. Die Gleichung 2.15 hat die Eigenschaft, dass sie unter Beachtung der Anfangsbedingungen aus Gleichung 2.16 eine eindeutige Lösung besitzt.

Mit Hilfe des Operators $\mathcal{D}$, dem Ohmschen Gesetz, den differenzierenden Beziehungen für die dynamischen Netzwerkelemente Induktivität und Kapazität

$$u_L = L \cdot \frac{di_L}{dt} = L \mathcal{D}\{i_L\} \qquad (2.20)$$

$$i_C = C \cdot \frac{du_C}{dt} = C \mathcal{D}\{u_C\} \qquad (2.21)$$

und den Kirchhoffschen Maschen- und Stromgesetzen kann die Differentialgleichung eines linearen Netzwerkes aufgestellt werden, wobei durch den Operator $\mathcal{D}$ eine Problemtransformation vorgenommen wird. Aus einer Differentialgleichung wird mit dem Operator $\mathcal{D}$ eine algebraische Gleichung. Bei großen Netzwerken mit vielen dynamischen Elementen lohnt sich eine Formulierung der Differentialgleichung nicht mehr, da diese eine sehr große Ordnung annimmt und schlecht gelöst werden kann. Deshalb wird die Laplacetransformation in Verbindung mit der modifizierten Knotenanalyse genutzt, da lineare Gleichungssysteme numerisch einfacher gelöst werden können.

Durch die Problemtransformation ist Gleichung 2.18 nun eine lineare Gleichung bezüglich der Ausgabefunktion $y(t)$, somit besitzt diese die Lösungsstruktur [BHW93]

$$y_{ges}(t) = y_{hom}(t) + y_{part}(t), \qquad (2.22)$$

eine Überlagerung der Lösung der homogenen Gleichung

$$\{\mathcal{D}^n a_n + \mathcal{D}^{n-1} a_{n-1} + \cdots + \mathcal{D} a_1 + a_0\} y(t) = 0 \qquad (2.23)$$

und einer speziellen Lösung [MV99b].

2.2 Stabilitätstheorie

2.2.1 Frequenzgang und Übertragungsfunktion

Frequenzgang

Von entscheidender Bedeutung zur Übertragung von sinusförmigen Signalen ist der Frequenzgang $G(j\omega)$ eines Systems. Dieser ist definiert als

$$G(j\omega) = \frac{Y(j\omega)}{U(j\omega)}. \qquad (2.24)$$

$U(j\omega)$ und $Y(j\omega)$ ist die Fouriertransfomierte des Ein- bzw. Ausgangssignals eines Systems [G97], also die Fouriertransformierte der Differentialgleichung 2.18. Der Frequenzgang beschreibt die Übertragung eines sinusförmigen Eingangssignals durch ein dynamisches System auf den Ausgang. Dabei wird nur das stationäre Verhalten, also der eingeschwungene Zustand (verschwindende Lösungen der homogenen Differentialgleichung), betrachtet. Der komplexe Frequenzgang $G(j\omega)$ lässt sich in Betrag $|G(j\omega)|$ und Phase $\varphi(j\omega)$ aufspalten, was den Amplituden- und Phasengang ergibt [Lun07]:

$$G(j\omega) = |G(j\omega)| \cdot e^{j\varphi(j\omega)}. \qquad (2.25)$$

KAPITEL 2. STABILITÄT UND KOMPENSATION RÜCKGEKOPPELTER BREITBANDVERSTÄRKER

Mit Hilfe der komplexen Wechselstromrechnung lässt sich zeigen, dass der Amplituden- und Phasengang in der partikulären Lösung der Differentialgleichung des Netzwerkes bei sinusförmiger Anregung enthalten ist [MV99b]. Damit gilt [Lun07]:

$$y_{part}(t) = |G(j\omega)| \widehat{U} \sin(\omega t + \varphi_u + \varphi(j\omega)) \qquad (2.26)$$

mit der Eingangsanregung

$$x(t) = \widehat{U} \sin(\omega t + \varphi_u). \qquad (2.27)$$

Der Frequenzgang kann sehr einfach aus der linearen Differentialgleichung aus Gleichung 2.15 bestimmt werden, indem die Transformationsvorschrift der Fouriertransformation für die Differentiation genutzt wird:

$$\mathcal{D} \circ\!\!-\!\!\bullet \; j\omega. \qquad (2.28)$$

Werden beide Seiten von Gleichung 2.18 fouriertransfomiert und nach $\frac{Y(j\omega)}{U(j\omega)}$ umgestellt, so ergibt sich der Frequenzgang

$$G(j\omega) = \frac{Y(j\omega)}{U(j\omega)} = \frac{b_m(j\omega)^m + \cdots + b_0}{a_n(j\omega)^n + a_{n-1}(j\omega)^{n-1} + \cdots + a_1 j\omega + a_0}. \qquad (2.29)$$

An dem Frequenzgang wird noch einmal deutlich, dass die Bedingung aus Gleichung 2.19 physikalisch sinnvoll ist, da nur in diesem Fall

$$\lim_{\omega \to \infty} G(j\omega) = 0 \qquad (2.30)$$

gilt, was gleichbedeutend damit ist, dass ein physikalisch realisierbares System keine unendliche Bandbreite besitzt und somit *nicht sprungfähig* ist [Lun07, Unb02, WS93].

Übertragungsfunktion

Im Gegensatz zum Frequenzgang können mit Hilfe der Übertragungsfunktion die Übertragungseigenschaften für periodische Signale und Differentialgleichungen mit Anfangsbedingungen beschrieben werden. Sie ist definiert als [Lun07]

$$G(s) = \frac{Y(s)}{U(s)}. \tag{2.31}$$

Die Übertragungsfunktion kann mit Hilfe des Differentiationssatzes der Laplacetransformation [Lun07, VS03]

$$\mathcal{D}^n\{y(t)\} \circ\!\!-\!\!\bullet \; s^n \cdot Y(s) - \sum_{k=1}^{n} s^{n-k} \cdot y^{(k-1)}(0) \tag{2.32}$$

hergeleitet werden. Sehr vorteilhaft ist die Behandlung der Anfangsbedingungen $y(0), y'(0), \ldots, y^{(n-1)}(0)$ der Differentialgleichungen, die in das Differentiationsgesetz mit eingezogen werden.

Nutzt man den Linearitätssatz und den Differentiationssatz für Gleichung 2.18, so ergibt sich [BHW93]

$$\left(\sum_{l=0}^{n} a_l s^l\right) Y(s) - \sum_{i=0}^{n} a_i \left(\sum_{k=1}^{i} s^{i-k} y^{(k-1)}(0)\right) = \left(\sum_{l=0}^{m} b_l s^l\right) U(s). \tag{2.33}$$

Dabei wird vorausgesetzt, dass die Eingangsgröße $u(t)$ bzw. $U(s)$ bekannt ist und keine Anfangsbedingungen für diese notwendig sind. Gleichung 2.33 lässt sich nun nach $Y(s)$ umstellen :

$$Y(s) = \underbrace{\frac{\sum_{l=0}^{m} b_l s^l}{\sum_{l=0}^{n} a_l s^l}}_{\text{Übertragungsfunktion}} U(s) + \underbrace{\frac{\sum_{i=0}^{n} a_i \left(\sum_{k=1}^{i} s^{i-k} y^{(k-1)}(0)\right)}{\sum_{l=0}^{n} a_l s^l}}_{\text{Anfangsbedingungen}} \tag{2.34}$$

Bei verschwindenden Anfangsbedingungen, d.h. dass alle Energiespeicher ungeladen sind, ist [G97]

$$G(s) = \frac{Y(s)}{U(s)} = \frac{\sum_{l=0}^{m} b_l s^l}{\sum_{l=0}^{n} a_l s^l}. \tag{2.35}$$

Aus Gleichung 2.10 bzw. Gleichung 2.11 kann die Übertragungsfunktion mit Hilfe der *Cramerschen Regel* gewonnen werden [MV99a]. Dabei sind $\mathbf{a}_i$ die Spaltenvektoren von $\mathbf{A}$, x_i eine Komponente des Lösungsvektors $\mathbf{x}$

und gleichzeitig die gesuchte Ausgangsgröße und **b** der Vektor der rechten Seite, welcher die Quellen der Anregung enthält. Somit ergibt sich für x_i die Lösung [VS03]

$$x_i(s) = \frac{\det(\mathbf{a}_1, ..., \mathbf{a}_{i-1}, \mathbf{b}, \mathbf{a}_{i+1}, ..., \mathbf{a}_n)}{\det(\mathbf{A}(\mathbf{s}))}. \quad (2.36)$$

Aus Gleichung 2.36 kann eine Übertragungsfunktion bezüglich einer ausgewählten Ausgangsgröße x_i bestimmt werden, wobei alle Anfangsbedingungen zu Null gesetzt sind. Dazu ist $x_i(s)$ noch durch die Eingangsgröße zu teilen (im Falle eines Systems mit einer Eingangsgröße). Allein die Übertragungsfunktion ohne Anfangsbedingung ist notwendig, um Aussagen über das Stabilitätsverhalten treffen zu können. Dadurch wird das reine Übertragungsverhalten eines Netzwerkes, also die Impulsantwort, bestimmt, was auch Nullzustandslösung genannt wird [Unb02].

2.2.2 Charakteristisches Polynom und Stabilitätsbegriffe

Wie schon erwähnt, besitzt Gleichung 2.18 die Lösung aus Gleichung 2.22. Zur Bestimmung des homogenen Teils der Lösung von Gleichung 2.18 wird die rechte Seite zu Null gesetzt [MV99b]. Damit ergibt sich die homogene Gleichung aus Gleichung 2.23. Mit Hilfe des Ansatzes [BHW93] zur Lösung von linearen Differentialgleichungen mit konstanten Koeffizienten

$$y(t) = e^{\lambda t} \quad (2.37)$$

ergibt sich nach Einsetzen in Gleichung 2.23 die *charakteristische Gleichung* [BHW93]

$$\lambda^n a_n + \lambda^{n-1} a_{n-1} + \cdots + \lambda a_1 + a_0 = 0. \quad (2.38)$$

Das Polynom auf der linken Seite von Gleichung 2.38 heißt *charakteristisches Polynom*. Gleichung 2.37 ist genau dann eine Lösung von Gleichung 2.23, wenn λ eine Nullstelle des charakteristischen Polynoms ist.

Vergleicht man das Nennerpolynom der Übertragungsfunktion aus Gleichung 2.35 mit dem charakteristischen Polynom Gleichung 2.38 der Differentialgleichung, so stellt man eine strukturelle Gleichheit fest. D.h. der Nenner der Übertragungsfunktion spiegelt das charakteristische Polynom der Differentialgleichung wider, deshalb wird der Nenner der Übertragungsfunktion ebenfalls als charakteristisches Polynom bezeichnet. Der Grund dafür ist, dass die Übertragungsfunktion die Laplacetransformierte der Differentialgleichung darstellt. Da diese Transformation die Linearitätseigenschaft besitzt [Unb02], muss der Nenner der Übertragungsfunktion die gleiche Struktur wie das charakteristische Polynom der Differentialgleichung aufweisen. Dieses kann über die Determinante der Systemmatrix aus Gleichung 2.11 gewonnen werden [Lun07].

$$\text{charakteristisches Polynom: } \det A(s) = \sum_{l=0}^{n} a_l s^l. \tag{2.39}$$

Gleiches gilt für die charakteristische Gleichung

$$\text{charakteristische Gleichung: } \det A(s) = \sum_{l=0}^{n} a_l s^l = 0. \tag{2.40}$$

Das charakteristische Polynom ist sehr wichtig für die Bestimmung der Stabilitätseigenschaften eines Systems. Dies kann anhand der charakteristischen Gleichung 2.38 der Differentialgleichung verdeutlicht werden. Jedes λ_i, welches die Gleichung 2.38 erfüllt, heißt *Eigenwert* der Differentialgleichung.

Das charakteristische Polynom kann dann über $\mathbb{C}$ in Linearfaktoren der Form [BHW93]

$$P(\lambda) = \prod_{i=1}^{n} (\lambda - \lambda_i) \tag{2.41}$$

zerlegt werden. Die Eigenwerte sind i.a. komplexe Nullstellen des charakteristischen Polynoms $P(\lambda)$ mit den Vielfachheiten $m_1, \ldots, m_n$. Dann

KAPITEL 2. STABILITÄT UND KOMPENSATION RÜCKGEKOPPELTER BREITBANDVERSTÄRKER

bilden die $n = m_1 + \cdots + m_n$ Funktionen

$$y_{i,j} = t^j e^{\lambda_i t} \quad j = 0, \ldots, m_i - 1; \quad i = 1, \ldots, n \quad (2.42)$$

ein komplexes Fundamentalsystem der homogenen Gleichung [Tim05]. Sind $\lambda_i = \sigma_i + j\omega_i$ und $\lambda_i = \sigma_i - j\omega_i$ konjugiert komplexe m-fache Nullstellen des charakteristischen Polynoms $P(\lambda)$, so bilden die Funktionen

$$y_{i,j} = t^j e^{\sigma_i t} \cos(\omega_i t) \quad \text{und} \quad y_{i,j} = t^j e^{\sigma_i t} \sin(\omega_i t) \quad j = 0, \ldots, m_i - 1; \quad (2.43)$$
$$i = 1, \ldots, n$$

ebenfalls ein Fundamentalsystem [BHW93]. Die Lösung der homogenen Gleichung ergibt sich dann aus den Linearkombinationen der Fundamentalsysteme

$$y_h(t) = \sum_i C_i \cdot y_{i,j} \quad C_i \in \mathbb{R}. \quad (2.44)$$

Für komplexe Nullstellen des charakteristischen Polynoms, wie dies in der Schaltungstechnik sehr häufig auftritt, ist dies

$$y_h(t) = \sum_i e^{\sigma_i t} (A_i \cos \omega_i t + B_i \cos \omega_i t) \quad (2.45)$$
$$= \sum_i K_i \cdot e^{\sigma_i t} \cos(\omega_i t + \varphi_i) \quad A_i, B_i, K_i, \varphi_i \in \mathbb{R}.$$

An dem Fundamentalsystem ist zu erkennen, wann ein System instabil wird. Genau dann, wenn ein $\sigma_i > 0$ d.h. $\text{Re}\{\lambda_i\} > 0$ ist, klingt das zeitliche Verhalten auf und das System ist instabil. Im Umkehrschluss heißt das für stabile Systeme:

Definition 1. *Ein LTI-System ist **asymptotisch stabil**, wenn alle n Eigenwerte λ_i bzw. alle Nullstellen des charakteristischen Polynoms einen negativen Realteil aufweisen und damit die transienten Antworten des Systems bei beliebigen Anfangsbedingungen für $t \to \infty$ verschwinden [G97]. Das heißt*

$$\lim_{t \to \infty} y_h(t) = 0 \quad \Longleftrightarrow \quad Re\{\lambda_i\} = \sigma_i < 0 \quad \forall i. \quad (2.46)$$

Gleiches gilt für die charakteristische Gleichung der Übertragungsfunktion

$$\det A(s) = \sum_{l=0}^{n} a_l s^l = 0. \qquad (2.47)$$

Die Werte s_i, die diese Gleichung erfüllen, heißen *Polstellen der Übertragungsfunktion* $G(s)$. Auch sie müssen für stabile Systeme die Bedingung [Lun07]:

$$\mathrm{Re}\{s_i\} < 0 \quad \forall i \qquad (2.48)$$

erfüllen. Es sei noch erwähnt, dass die Werte von s_j, die die Nullstellen des Zählers von $G(s)$ bilden, *Nullstellen der Übertragungsfunktion* genannt werden [Lun07].

Durch eine Faktorisierung des Zählers und des Nenners der Übertragungsfunktion mit Hilfe der Null- ($s_{0,i}$) und Polstellen ($s_{p,i}$) in der Form

$$G(s) = K \cdot \frac{\prod_{j=1}^{m}(s - s_{0,j})}{\prod_{i=1}^{n}(s - s_{p,i})} \qquad K \in \mathbb{R} \qquad (2.49)$$

kann es passieren, dass sich ein faktorisierter Term des Zählers mit einem faktorisierten Term des Nenners kürzt. Es dürfen jedoch keine Polstellen mit positivem Realteil gegen Nullstellen mit positivem Realteil gekürzt werden, dies verbietet die asymptotische Stabilitätsdefinition [Lun07].

Ein System, bei dem eine Nullstelle mit positivem Realteil gegen eine Polstelle mit positivem Realteil gekürzt wird, kann nach außen hin stabil sein, wenn nach dem Kürzen keine weiteren instabilen Polstellen in der Übertragungsfunktion auftreten. Dies hat zur Folge, dass der Nennergrad des Polynoms der Gesamtübertragungsfunktion kleiner ist als die Ordnung der Differentialgleichung. Das bedeutet aber, dass die instabilen Eigenwerte nicht mit beliebigen Eingangssignalen angeregt werden können (Steuerbarkeit) und/oder am Ausgang sichtbar sind (Beobachtbarkeit) [Unb02].

Definition 2. *Ein LTI-System ist **beobachtbar**, wenn der gesamte innere Systemzustand vollständig aus der Kenntnis der Verläufe der Ein- und Ausgangssignale rekonstruierbar ist [G97].*

KAPITEL 2. STABILITÄT UND KOMPENSATION RÜCKGEKOPPELTER BREITBANDVERSTÄRKER

Definition 3. *Ein LTI-System ist **steuerbar**, wenn der gesamte innere Systemzustand vollständig durch die Eingangsgröße beeinflusst werden kann [G97].*

Ein solches System ist nach außen hin bezüglich der Ein- und Ausgangsgrößen stabil und wird als *BIBO-Stabil* bezeichnet [G97]:

Definition 4. *Eine System ist genau dann **BIBO-stabil**, wenn seine Gewichtsfunktion g(t) die Bedingung*

$$\int_0^\infty |g(t)|\, dt < \infty \qquad (2.50)$$

erfüllt. D.h. ein beschränktes Eingangssignal erzeugt bei verschwindenden Anfangsbedingungen ein ebenfalls beschränktes Ausgangssignal.

Definition 5. *Die Gewichtsfunktion g(t) oder auch Impulsantwort genannt, ist das Ausgangssignal eines Systems bei Anregung mit einem Dirac-Impuls am Eingang [Unb02].*

Das bedeutet, dass die asymptotische Stabilität die BIBO-Stabilität einschließt. Die Umkehrung gilt nicht [Lun07].
Der Vorteil der asymptotischen Stabilität ist, dass sie sich vollständig aus der Determinante der Systemmatrix bestimmen lässt, wobei die BIBO-Stabilität die Bildung der Gesamtübertragungsfunktion des Systems voraussetzt.
Im Weiteren wird in dieser Arbeit von der asymptotischen Stabilität ausgegangen, falls nicht anders gekennzeichnet, da diese Formulierung der Stabilitätsdefinition strenger ist und dadurch die inneren Zustände des Systems ebenfalls stabil sind. Dies hat auch schaltungstechnisch Sinn, da eine exakte Pol-Nullstellen-Kompensation technisch nicht realisierbar ist (z.B. durch Fertigungstoleranzen). Ebenso können interne Zustände in realen Schaltungen nie unendlich groß werden [Sca11].

2.3 Der einfache Regelkreis

Abbildung 2.1 zeigt das Modell des einfachen Regelkreises [Güy]. Aus diesem Modell lassen sich vor allem Aussagen über das Systemverhalten unter Berücksichtigung von Eingangs- und Störgrößen ableiten. Sehr wichtig ist dieses Modell im Entwurf rückgekoppelter Schaltungen, da hieraus die Stabilitätseigenschaften vorhergesagt werden können.

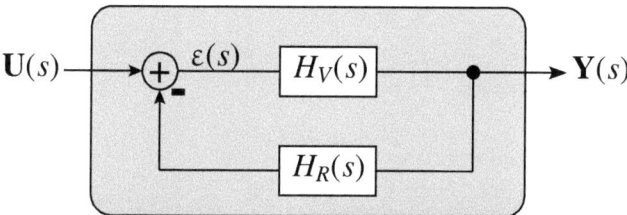

Abbildung 2.1: Standard-Regelkreis

Dabei ist $U(s)$ und $Y(s)$ das laplacetransfomierte Ein- bzw. Ausgangssignal. $H_V(s)$ ist die Verstärkung im Vorwärtszweig und $H_R(s)$ die Verstärkung im Rückwärtszweig. Die Übertragungsfunktion des geschlossenen Kreises $G(s)$ ergibt sich zu [Lun07]:

$$G(s) = \frac{Y(s)}{U(s)} = \frac{H_V(s)}{1 + H_V(s)H_R(s)} = \frac{H_V(s)}{1 + G_0(s)} \quad \text{mit} \quad G_0(s) = H_V(s)H_R(s). \tag{2.51}$$

$G_0(s)$ wird als Übertragungsfunktion des offenen Kreises bezeichnet. Die charakteristische Gleichung des einfachen geschlossenen Regelkreises ist dann [Lun07]

$$\text{charakteristische Gleichung:} \quad 1 + H_V(s)H_R(s) = 1 + G_0(s) = 0. \tag{2.52}$$

Das System eines einfachen Regelkreises wird genau dann stabil, wenn alle Nullstellen s_i der charakteristischen Gleichung 2.52 die Bedingung

$$\text{Re}\{s_i\} < 0 \quad \forall i \tag{2.53}$$

KAPITEL 2. STABILITÄT UND KOMPENSATION
RÜCKGEKOPPELTER BREITBANDVERSTÄRKER

erfüllen.

Es sei noch angemerkt, dass im Schaltungsdesign nicht nur das reine Interesse darin besteht zu wissen, ob eine Schaltung stabil ist oder nicht. Aufgrund der Fertigungstoleranzen der Bauelemente ist es besonders wichtig, ein quantifiziertes Maß zur Beurteilung des Stabilitätsverhaltens einer Schaltung, die Stabilitätsreserve, angeben zu können, damit eine Schaltung auch bei Schwankungen verschiedener Parameter stabil bleibt. Darum werden in den nächsten Abschnitten die typischen Verfahren zur Stabilitätsprüfung von einfachen Regelkreisen diskutiert, die in der Schaltungstechnik ihre Anwendung, z.B. bei rückgekoppelten Breitband-Verstärkern, finden.

2.4 Stabilitätsprüfung in der Schaltungstechnik am Modell des einfachen Regelkreises

Bis heute werden, seit Hendrik W. Bode und Harry Nyquist ihre Arbeiten über die Stabilitätstheorie von Systemen veröffentlicht haben, die von ihnen gefundenen Verfahren in der Regelungs- und Schaltungstechnik zur Stabilitätsprüfung eingesetzt [Nyq32, Bod40]. Dies liegt unter anderen an deren leichter Verständlichkeit und Anwendbarkeit auf die schaltungstechnischen Problemstellungen. Selbst schon gefertigte oder aufgebaute Schaltungen können mittels dieser Verfahren auf Stabilität geprüft werden.

Viele schaltungstechnische Probleme werden auf das Modell dieses einfachen Regelkreises reduziert, um damit Aussagen über Stabilität der Schaltung treffen zu können.

2.4.1 Das Nyquist-Kriterium

Das Nyquist-Kriterium beschreibt die Stabilität eines Systems oder einer Schaltung mit Rückkopplung anhand des einfachen Regelkreises. Dabei müssen nicht explizit die Polstellen des geschlossenen Systems berechnet werden. Es sind nur Informationen über das offene System notwendig.
Zur Ableitung des Nyquist-Kriteriums sind einige Umformungen der Gleichung 2.51 notwendig. $G_0(s)$, die Verstärkung der offenen Schleife, ist eine gebrochen-rationale Funktion und kann als Quotient

$$G_0(s) = \frac{Z(s)}{N(s)} \qquad (2.54)$$

dargestellt werden. Dabei ist $Z(s)$ das Zählerpolynom und $N(s)$ das Nennerpolynom der Verstärkung der offenen Schleife $G_0(s)$. Für den Fall, dass die Verstärkung der Rückführung $H_R(s) = 1$ ist (direkte Rückführung des Ausgangssignals auf den Eingang, maximale Rückkopplung), ergibt sich für die Übertragungsfunktion des Regelkreises aus Abbildung 2.1:

$$G(s) = \frac{\frac{Z(s)}{N(s)}}{1 + \frac{Z(s)}{N(s)}} = \frac{\frac{Z(s)}{N(s)}}{\frac{N(s)+Z(s)}{N(s)}} = \frac{G_0(s)}{1 + G_0(s)} = \frac{G_0(s)}{F(s)}. \qquad (2.55)$$

Dabei wird

$$F(s) = 1 + G_0(s) = \frac{N(s) + Z(s)}{N(s)} \qquad (2.56)$$

in der Regelungs- und Schaltungstechnik als „Return-Difference" oder „Rückführdifferenz" bezeichnet [LS94, Lun07].
Grundlage für das Nyquist-Kriterium ist der Satz vom *Prinzip des Argumentes* [Unb02]. Dabei wird die Funktion $F(s)$ in die komplexe Ebene für $s = j\omega$ mit $\omega = -\infty...\infty$ aufgetragen, was dem einmaligen Durchlaufen der Kontur C, aus Abbildung 2.2 entspricht. $F(s)$ umrundet dann den Ursprung der komplexen Ebene $\mathbf{U} = \mathbf{N} - \mathbf{P}$ mal. $\mathbf{N}$ und $\mathbf{P}$ sind die von der Kontur C eingeschlossenen Null- und Polstellen. Die Kontur C wird dabei im Uhrzeigersinn durchlaufen, so dass die Abbildungstreue erhalten

bleibt. D.h. das Innere der Kontur wird auch in das Innere der Kurve von $F(s)$ abgebildet. Mehrfache Pol- und Nullstellen werden auch mehrfach gezählt. Nullstellen N von $F(s)$ drehen im Uhrzeigersinn und Polstellen **P** im Gegenuhrzeigersinn [Unb02].

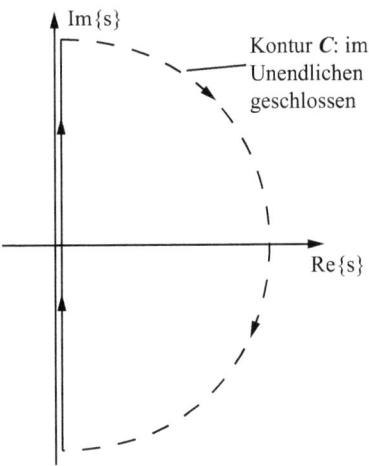

Abbildung 2.2: Laplace Ebene mit der Kontur C von $\omega = -\infty...\infty$

Untersucht man $F(s)$ aus Gleichung 2.56 genauer, so sind die Nullstellen des Zählers von $F(s)$ gleichzeitig die Polstellen der geschlossenen Schleife $G(s)$ aus Gleichung 2.55, die nicht instabil sein dürfen. Das bedeutet, für ein stabiles geschlossenes System muss **N** = 0 sein (keine Nullstellen von $F(s)$ im Gebiet innerhalb der Kontur C). Der Nenner von $F(s)$ liefert die Polstellen des offenen Systems. Die Anzahl der instabilen Polstellen der offenen Schleife wird mit **P** bezeichnet. Dann ist ein geschlossenes System laut Nyquist stabil, wenn die Anzahl Umläufe **U** der Ortskurve von $F(s)$ gleich der Anzahl der instabilen Polstellen **P** des offenen Systems ist. Anders ausgedrückt: Die Anzahl der instabilen Polstellen des geschlossenen Systems **N** (=instabile Nullstellen von $F(s)$) ergibt sich aus [FPEN94]:

$$\mathbf{N} = \mathbf{P} + \mathbf{U}. \tag{2.57}$$

U ist die Anzahl der Umläufe von $F(s)$ um den Ursprung $(0, j0)$ und besitzt negatives Vorzeichen bei Umlauf im Gegenuhrzeigersinn. Bezieht man alle Betrachtungen nicht mehr auf $F(s)$ sondern auf die Verstärkung der offenen Schleife $G_0(s)$, so gelten die Stabilitätsbedingungen der Ortskurve von $G_0(s)$ nicht mehr für den Ursprung, sondern den Punkt $(-1, j0)$ (Umläufe um $(-1, j0)$ zählen).

Definition 6. *Ein System ist **BIBO-stabil**, wenn gilt*

$$P = U. \qquad (2.58)$$

*Dieses Kriterium nennt sich das **allgemeine Nyquist-Kriterium** und gilt für stabile und instabile offene Kreise.*

Für eine stabile offene Kette lässt sich das allgemeine Nyquist-Kriterium vereinfachen, da hier **P** = 0 ist. Damit nun **N** = 0 ist, muss **U** = 0 sein:

Definition 7. *Ein **stabiler offener Kreis** führt zu einem **stabilen geschlossenen System**, wenn die Ortskurve $G_0(s)$ des stabilen offenen Kreises für $\omega = -\infty...\infty$ den Punkt $(-1, j0)$ der komplexen Ebene nicht umschließt. Dieses Kriterium nennt sich das **spezielle Nyquist-Kriterium** und ist nur gültig für stabile offene Kreise.*

Mit Hilfe der Ortskurve des stabilen offenen Kreises $G_0(s)$ lassen sich für die Schaltungstechnik zwei wichtige Kenngrößen angeben, die *Amplituden-* und *Phasenreserve* (siehe Abbildung 2.3). Zur Bestimmung beider Größen sind einige Punkte aus Abbildung 2.3 wichtig. Die Frequenz ω_g ist durch den Schnittpunkt mit $|G_0(j\omega)| = 1$ definiert und nennt sich *Durchtrittsfrequenz*. Die Phasenreserve φ_R ist die Phasendrehung, die zum Erreichen der Stabilitätsgrenze notwendig wäre [G97]. Ein geschlossenes System ist genau dann stabil, wenn bei Aufzeichnen der Verstärkung der offenen Schleife $G_0(j\omega)$ in der komplexen Ebene der Phasenrand

$$\varphi_R > 0° \qquad (2.59)$$

ist (siehe Abbildung 2.3). Eine weitere Bedingung ist die Amplitudenreserve A_R (Abstand zwischen -1 und dem Schnittpunkt von $G_0(s)$ mit der Realteilachse), diese muss positiv sein und damit rechts vom Punkt $(-1, j0)$ liegen. In der Praxis wird allerdings häufig ein anderes Verfahren zur Stabilitätsprüfung genutzt, welches sich sehr leicht aus dem speziellen Nyquist-Kriterium ableiten lässt.

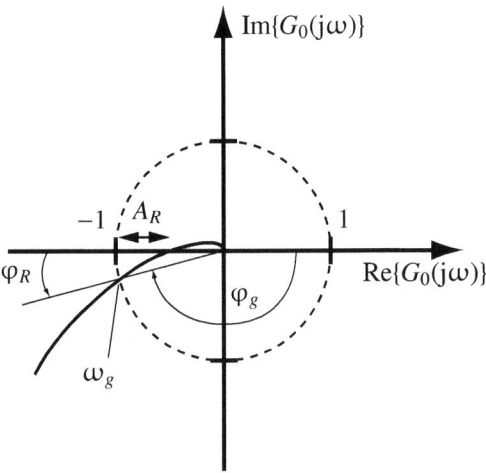

Abbildung 2.3: Definition der Stabilitätsreserve

2.4.2 Amplituden- und Phasenrandkriterium im Frequenzgang

Überträgt man die Ortskurve des offenen Kreises $G_0(j\omega)$ in eine Betrags und Phasendarstellung

$$G_0(j\omega) = |G_0(j\omega)| \cdot e^{j \cdot \arg\{G_0(j\omega)\}} \qquad (2.60)$$

und bildet $|G_0(j\omega)|_{dB} = 20 \cdot \log|G_0(j\omega)|$, so kann die Verstärkung $|G_0(j\omega)|_{dB}$ und der Phasenverlauf $\arg\{G_0(j\omega)\}$ des offenen Kreises in jeweils einem

Diagramm, dem *Bodediagramm* wie in Abbildung 2.4, eingezeichnet werden.

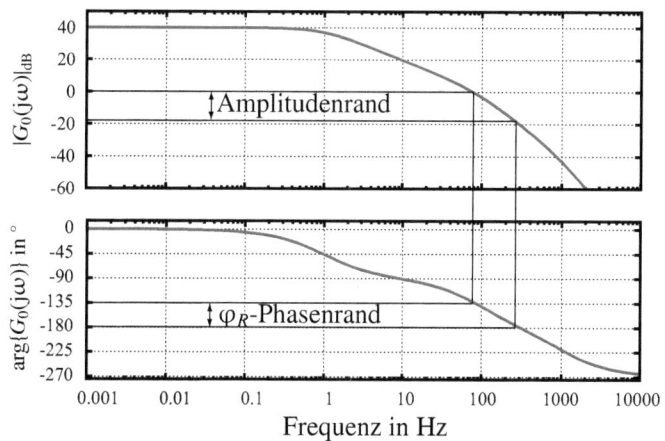

Abbildung 2.4: Bode-Diagramm

Die Parameter Phasenreserve φ_R (auch *Phasenrand*) und Amplitudenreserve A_R (auch *Amplitudenrand*) des offenen Kreises können hier ebenfalls abgelesen werden. Die Phasenreserve ist Differenz zwischen dem Phasenwinkel bei $G_0(j\omega) = 0\,\text{dB}$ und $-180°$. Um Stabilität zu gewährleisten, muss die Phasenreserve $\varphi_R > 0°$ sein. Die Amplitudenreserve ist die Differenz zwischen $0\,\text{dB}$ und dem Amplitudenwert von $|G_0(j\omega)|$ bei $-180°$. Bei einem stabilen geschlossenen System ist dieser Wert $A_R > 0$.
In der Praxis wird die Phasenreserve bevorzugt als Maß für die Stabilität verwendet. Hier versucht man Phasenreserven von mindestens $\varphi_R > 45°$, häufig $\varphi_R > 60°$ zu realisieren. Diese hohen Phasenreserven sind darin begründet, dass ein System nicht nur stabil, sondern die Sprungantwort des Systems möglichst wenig Überschwingen aufweist und gegenüber Parameterschwankungen robust ist [Wup96a, Rie88].

KAPITEL 2. STABILITÄT UND KOMPENSATION
RÜCKGEKOPPELTER BREITBANDVERSTÄRKER

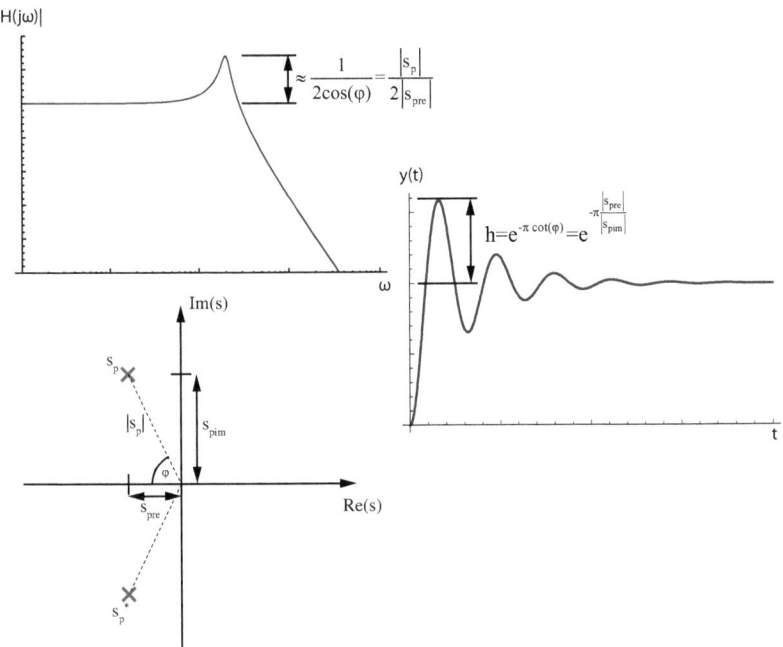

Abbildung 2.5: Zusammenhang Frequenzgang, Sprungantwort und Pollagen

2.4.3 Stabilitätsprüfung mittels Polstellen des geschlossenen Kreises

Die Lage der Polstellen des geschlossenen Systems in der komplexen Ebene hat erheblichen Einfluss auf den Verlauf des Frequenzganges der geschlossenen Schleife. Dies liegt daran, dass der Frequenzgang $|H(j\omega)|$ den Betrag der Übertragungsfunktion $H(s)$ an der Stelle $s = j\omega$ darstellt, also der Schnitt des Laplacegebirges entlang der imaginären Achse [Lun07]. Im einfachsten Fall existiert für ein System zweiter oder höherer Ordnung eine dominante und viele nicht-dominante reelle Polstellen.

Definition 8. *Als dominante Polstellen wird diejenige Polstelle bezeichnet, die nicht durch eine Nullstelle kompensiert ist und den kleinsten Abstand zum Ursprung der komplexen Ebene besitzt. Sie beeinflusst damit maßgebend das Systemverhalten. Alle anderen Polstellen müssen weit entfernt von der dominanten Polstelle liegen (nicht-dominante Polstelle).*

Kompliziert wird die Beurteilung der Stabilität, wenn komplexe Polstellen auftreten. Für ein System zweiter Ordnung existiert ein mathematischer Zusammenhang zwischen der Lage der Polstellen und Resonanzüberhöhungen im Frequenzgang der geschlossenen Schleife sowie der Sprungantwort des Systems. Dieser Zusammenhang wurde in [Lun07] abgeleitet und ist in Abbildung 2.5 dargestellt. Dabei sind folgende Punkte festzuhalten:

- Befinden sich die Polstellen in der linken komplexen Halbebene, so ist die Schaltung absolut stabil.

- Komplexe Polstellen, die sich sehr nahe an der imaginären Achse befinden ($|s_{pim}| > |s_{pre}|$), verursachen eine Resonanzüberhöhung im Frequenzgang und starkes Überschwingen in der Sprungantwort.

- Für eine „schöne Stabilität" (keine Resonanzüberhöhung im Frequenzbereich und schnelles Einschwingverhalten im Zeitbereich) ist es nicht ausreichend Polstellen in der linken Laplaceebene zu platzieren.

- Für ein System zweiter Ordnung müssen Polstellen in der linken Halbebene platziert werden und die Bedingung $|s_{pim}| = |s_{pre}|$ erfüllen, damit keine Resonanzüberhöhung und schnelles Einschwingen im Zeitbereich gewährleistet ist.

- Der Bereich in dem die Bedingung der Polstellen $|s_{pim}| \leq |s_{pre}|$ erfüllt ist, soll im Weiteren als *relative Stabilität* bezeichnet werden.

KAPITEL 2. STABILITÄT UND KOMPENSATION RÜCKGEKOPPELTER BREITBANDVERSTÄRKER

Die Zusammenhänge zwischen Zeitbereich, Frequenzgang und Pol-Lagen in der komplexen Ebene sind in Abbildung 2.6 dargestellt.

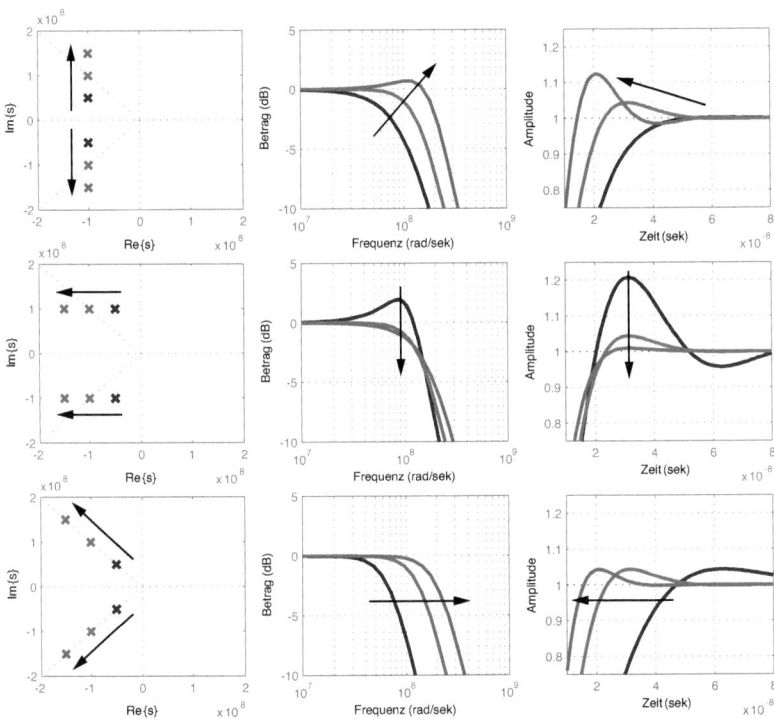

Abbildung 2.6: Zusammenhang zwischen Polstellen, Frequenzgang und Sprungantwort

Interessant sind vor allem die konjugiert komplexen Polstellen, die bei rückgekoppelten Breitbandverstärkern sehr häufig das dominante Schaltungsverhalten bestimmen [AH02, Dos89]. Verschiebt sich zum Beispiel ein konjugiert komplexes Polstellenpaar parallel zur Imaginärachse, so vergrößert sich die Bandbreite im Frequenzgang, allerdings mit dem Nachteil, dass dieser eine Resonanzüberhöhung bekommt. Das hat weiterhin Auswirkungen auf das Einschwingverhalten der Sprungantwort. Es ist festzustellen, dass sich das Einschwingverhalten verschlechtert und immer stärker ausgeprägte Überhöhungen im Frequenzgang auftreten, je näher sich ein komplexes Polstellenpaar an der imaginären Achse befindet.

Zusammenfassend ist zu sagen, dass die Forderung, die Polstellen nur in die linke komplexe Ebene zu verschieben, nicht ausreichend ist [Lun07]. Typischerweise gibt es häufig Forderungen nach der Einschwingzeit einer Schaltung, so dass sich der Bereich der erlaubten Polstellenlage in der linken Halbebene weiter einschränkt.

Ideal ist hier die Konfiguration, bei der die Polstellen auf der 45°-Linie zwischen Imaginärteilachse und negativer Realteilachse liegen. Dies ist ein guter Kompromiss zwischen Bandbreite und Einschwingverhalten im Zeitbereich. Somit wird für die weitere Arbeit der Bereich zwischen den 45°-Achsen das Kriterium für eine genügend große Stabilitätsreserve (relativer Stabilitätsbereich) sein.

Bei einem System zweiter Ordnung wird der Phasenrand der offenen Schleife von $\varphi_R > 65°$ genau dann erreicht, wenn bei den Polstellen des geschlossenen Systems der Imaginärteil gleich dem Realteil ist. In diesem Fall ist die Bandbreite des geschlossenen Systems aber gerade maximal, bei minimaler Resonanzüberhöhung. Im Zeitbereich bedeutet dies bei Anregung mit einem Sprung am Eingang, dass das System nur einmal überschwingt und dann sofort eingeschwungen ist [AH02, SM01], siehe auch Abbildung 2.6. Es sei jedoch noch angemerkt, dass beim Auftrennen des geschlossenen Systems eine *Lastkorrektur* oder auch *Lastanpassung* am Ausgang der offenen Schleife vorgenommen werden muss, um die korrekte Übertragungsfunktion $G_0(s)$ zu erhalten. Lastanpassung bedeutet, dass die Eingangsimpedanz des geschlossenen Systems den Ausgang der offenen Schleife belastet, damit die Lastverhältnisse, wie sie beim geschlossenen System auftreten, wieder hergestellt werden [Sie03, Grä98]. Dies wird dadurch erreicht, dass eine Kopie des Netzwerkes mit dem Ausgang des

KAPITEL 2. STABILITÄT UND KOMPENSATION
RÜCKGEKOPPELTER BREITBANDVERSTÄRKER

offenen Kreises verbunden wird.
Treten in einem Netzwerk Rückwirkungen auf, wie dies in der Schaltungstechnik sehr häufig der Fall ist, so kann mit dem Lastkorrekturverfahren nicht die echte Übertragungsfunktion der offenen Schleife ermittelt werden [Grä98]. Damit liefert aber auch das darauf angewendete Nyquist-Verfahren falsche Ergebnisse. Dieser Fall wird in [Grä98] ausführlich diskutiert.

2.4.4 Middlebrooks Methode

Die Methode von *Middlebrook* [Kun95, TVHK01] oder auch das Verfahren von *Tuinenga* [Tui92] beheben die Problematik der Stabilitätsanalyse bei Rückwirkungen im offenen Kreis. Der Vorteil des Verfahrens besteht darin, dass keine Lastanpassung vorgenommen werden muss.

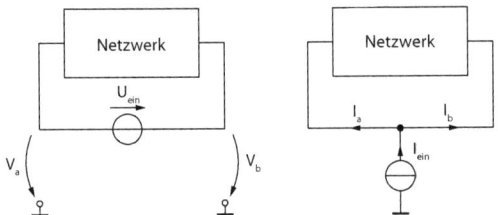

Abbildung 2.7: Bestimmung der Verstärkung des offenen Kreises $G_0(j\omega)$ [Grä98]

In Abbildung 2.7 wird die Methodik zur Bestimmung der Verstärkung des offenen Kreises gezeigt. Dabei entstehen zwei mögliche Schleifenverstärkungen [Kun95, Mid06]:

$$\text{Schleifenverstärkung der Spannung: } G_v(j\omega) = -\frac{V_b}{V_a} \qquad (2.61)$$

$$\text{Schleifenverstärkung des Stromes: } G_i(j\omega) = \frac{I_b}{I_a}. \qquad (2.62)$$

Durch Kombination beider Schleifenverstärkungen lässt sich die echte Verstärkung des offenen Kreises $G(j\omega)$ bestimmen [Kun95, Mid06]:

$$G_0(j\omega) = \frac{G_v G_i - 1}{G_v + G_i + 2}. \quad (2.63)$$

In [Grä98] wird gezeigt, dass dieses Verfahren keine eindeutigen Ergebnisse bei Regelkreisen mit mehreren Schleifen liefert, wie dies aber häufig bei integrierten Verstärkerschaltungen der Fall ist. Ein Problem, welches weiterhin besteht, ist, dass nicht klar ist, an welcher Stelle die Spannungsquelle in Abbildung 2.7 eingefügt werden soll. Dies kann z.B. vor oder nach dem Rückkopplungsnetzwerk sein. Beides aber liefert unterschiedliche Übertragungsfunktionen des offenen Kreises und damit andere Werte für die Stabilitätsreserve [Grä98].

2.5 Klassische Kompensationsmethoden für rückgekoppelte Breitbandverstärker

Rückkopplung von Verstärkerschaltungen ist ein sehr häufig angewendetes Prinzip für Breitbandverstärker in der integrierten Schaltungstechnik. Dies hat mehrere Vorteile [Sei03, Wup96a]:

- Unabhängigkeit der Verstärkung gegenüber Parameterstreuungen und Temperaturabhängigkeiten der integrierten Bauelemente und Schwankungen der Versorgungsspannung

- Beeinflussung der Eingangs- und Ausgangsimpedanz

- Verbesserung des Frequenzganges und der Bandbreite

- Verringerung der nichtlinearen Verzerrungen und Vergrößerung des Aussteuerbereiches.

KAPITEL 2. STABILITÄT UND KOMPENSATION RÜCKGEKOPPELTER BREITBANDVERSTÄRKER

Es existieren aber auch Nachteile:

- Verringerung des Verstärkungsfaktors
- Gefahr der dynamischen Instabilität.

Der Nachteil der dynamischen Instabilitäten ist besonders wichtig, da eine Schaltung, die instabil ist, grundsätzlich nicht verwendet werden kann. D.h. die anderen Vor- oder Nachteile können erst zur Wirkung kommen, wenn die Schaltung auch stabil ist und nicht schwingt.
Sehr häufig tritt das Problem auf, wie es in Abbildung 2.8 dargestellt ist. Ein Verstärker wird mit einem Eingangssignal, z.B. einem Sprungsignal, angeregt und am Ausgang zeigt sich das zwar stabile, aber abklingende Verhalten einer Schwingung.

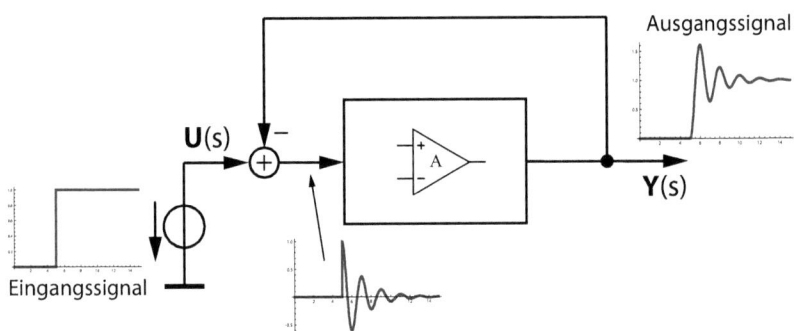

Abbildung 2.8: Verstärkerrückkopplung als Regelkreismodell mit geringer Stabilitätsreserve

Das ist meist ein Anzeichen dafür, dass die Polstellen nicht im Bereich der relativen Stabilität liegen bzw. das System besitzt eine zu geringe Stabilitätsreserve (Unterabschnitt 2.4.2 und Unterabschnitt 2.4.3). D.h. der Phasen- und Amplitudenrand des offenen Kreises ist zu gering. Üblicherweise sind die Werte in der Schaltungstechnik für Phasenrand bei $\varphi_R =$

45°...70° und der Amplitudenrand bei $A_R = -12$ dB... -20 dB [Sei03]. Durch Beeinflussung des Frequenzganges des offenen Kreises $G_0(j\omega)$ kann die Stabilitätsreserve verbessert werden. Hierbei wird der Frequenzgang so verändert, dass der Betrag der Schleifenverstärkung $|G_0(j\omega)| < 1$ ist, bevor eine Phasendrehung $\varphi_g = -180°$ erreicht wird [FPEN94, Sei03]. Dieser Vorgang heißt *Frequenzgangskompensation*.

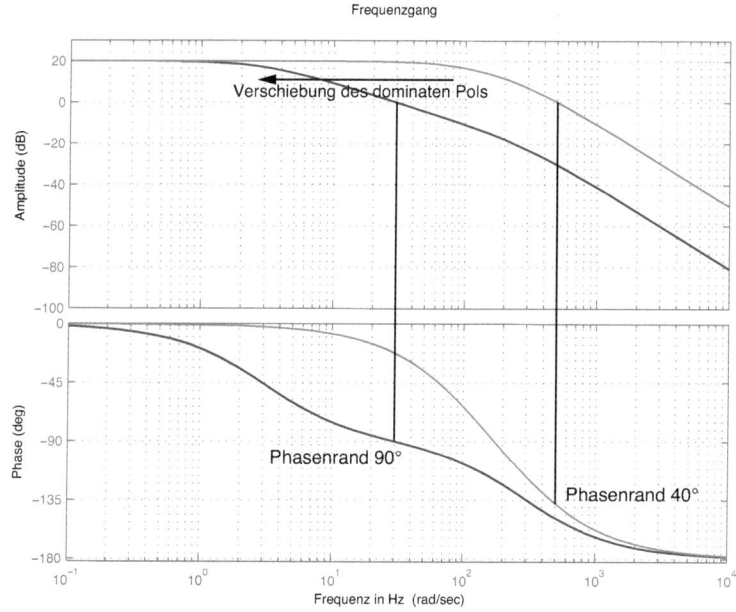

Abbildung 2.9: Verstärkung der offenen Schleife mit (blau) und ohne (grün) Frequenzgangskompensation

Abbildung 2.9 zeigt die Vorgehensweise. Ausgangspunkt ist die grüne Kurve, die die Verstärkung der offenen Schleife einer Schaltung darstellt. Durch verändern des Frequenzganges (hier: Verschieben des dominanten Pols) wird eine Vergrößerung des Phasenrandes erreicht (blaue Kurve).
Da die Methodik zur Frequenzgangskompensation auf den Stabilitätskri-

KAPITEL 2. STABILITÄT UND KOMPENSATION RÜCKGEKOPPELTER BREITBANDVERSTÄRKER

terien des offenen Kreises beruhen, wird sie auch zusätzlich *klassische Frequenzgangskompensation* oder *indirekte Frequenzgangskompensation* genannt. Um die Verstärkung des offenen Kreises über einen großen Frequenzbereich konstant zu halten, wird eine Verstärkerschaltung möglichst nicht mit einer festen, für alle Anforderungen gleiche Frequenzgangskompensation betrieben, sondern mit einer an die jeweilige Anwendung angepassten Frequenzgangskompensation (Anwendungs- oder Applikationskonfiguration). Dadurch werden auch die Vorteile der Rückkopplung über einen weiten Frequenzbereich erhalten.

Prinzipiell gibt es zwei unterschiedliche Ansätze der indirekten Frequenzgangskompensation. Der häufigste verwendete Ansatz ist der, dass die Verstärkung des offenen System verringert wird, bevor die Phasendrehung die $-180°$-Achse erreicht [Sei03]. Diese Methode ermöglicht Stabilität durch Reduktion der Bandbreite des Systems. Ein Beispiel für diese Kompensationsmethodik ist die Pole-Splitting-Kompensation.

Ein anderer Ansatz verringert die Phasendrehung des offenen Systems. Dies kann durch gezieltes Einfügen von Nullstellen erreicht werden. Diese Nullstellen des offenen Kreises werden mit bereits vorhandenen Polstellen des offenen Kreises kompensiert. Dies kann durch Einfügen von vorwärts gerichteten Signalpfaden geschehen. Der Vorteil dieser Methode ist, dass die Bandbreite nicht wie bei dem ersten Ansatz herabgesetzt wird. Problematisch ist hier aber die technische Ausführung dieser Methode, da Parameterschwankungen der Bauelemente eine nicht-perfekte Pol-Nullstellen-Kompensation, auch *Pole-Zero-Doublets* genannt, erzeugen. Diese sind zu vermeiden, da sie das Einschwingverhalten ungünstig beeinflussen [KMG74, Dos89].

Die schaltungstechnisch einfachste Methode, um einen Verstärker zu kompensieren, ist die sogenannte *Parallelkompensation* [EH95]. Dabei werden Kapazitäten parallel zum Ausgangswiderstand einer jeden Verstärkerstufe geschaltet, um den Phasenrand zu beeinflussen. Diese Methode wird im integrierten Schaltungsentwurf fast überhaupt nicht eingesetzt, da die Kompensationskapazitäten schnell sehr große Werte annehmen können, was auf Kosten der Chipfläche geht.

Im Folgenden werden die wichtigsten Kompensationsmethoden, die in der integrierten Schaltungstechnik Anwendung finden, vorgestellt und deren Eigenschaften diskutiert.

2.5.1 Die Pole-Splitting-Kompensation oder Millerkompensation

Bei der Pole-Splitting-Kompensation wird der Millereffekt über einen invertierenden Verstärker ausgenutzt [AH02, GMHL01]. Dabei wird eine Kapazität zwischen dem Eingang und dem Ausgang des invertierenden Verstärkers angeschlossen. Abbildung Abbildung 2.10 und dessen Ersatzschaltbild in Abbildung 2.11 zeigt das Prinzip der Miller-Kompensation. Die Kapazität C_M über dem Verstärker bildet hier die Millerkapazität. Der Millereffekt vergrößert nun den Wert der Eingangskapazität um den Faktor der Leerlaufverstärkung des invertierenden Verstärkers. Es ist zu bedenken, dass die Schaltungskonfigurationen der des offenen Kreises entsprechen, d.h. die Rückkopplung ist nicht eingezeichnet.

Die Bestimmung der Pol- und Nullstellenkonfiguration vor Einfügen der Kapazität C_M ist sehr einfach und bedarf keiner weiteren Rechnung.

$$\text{Polstellen: } s_{p1} = -\frac{1}{R_1 C_1} \qquad (2.64)$$

$$s_{p2} = -\frac{1}{R_2 C_2} \qquad (2.65)$$

Es soll vorausgesetzt werden, dass $|s_{p1}| \ll |s_{p2}|$. Nullstellen gibt es nicht. Nach Einfügen der Kapazität C_M erzeugt diese über der zweiten Verstärkerstufe eine am Eingang dynamisch vergrößerte Kapazität $C_e = (1 - A_2) \cdot C_M$ (siehe Abbildung 2.10), was auf den Miller-Effekt zurückzuführen ist

[Sei03]. Die erste Verstärkerstufe wird damit durch die Kapazität C_e zusätzlich belastet, was zu einer Erniedrigung der Polfrequenz des ersten Verstärkers führt.

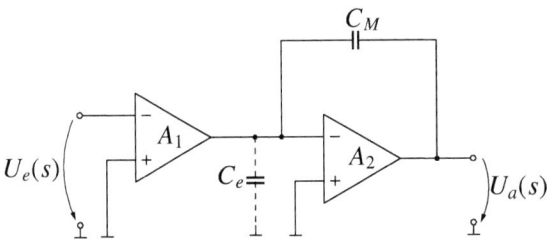

Abbildung 2.10: Zweistufiger Verstärker

Eine genauere Betrachtung bestätigt diese Überlegung, indem das Kleinsignal-Ersatzschaltbild aus Abbildung 2.11 analysiert wird. Die Verstärker werden dabei durch ein System erster Ordnung mit einer Polstelle, deshalb als spannungsgesteuerte Stromquellen mit Lastwiderstand und Lastkapazität modelliert.

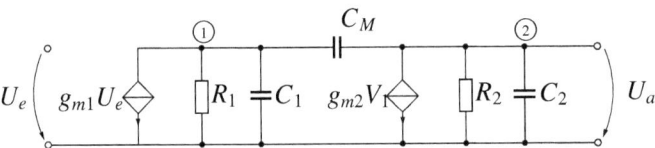

Abbildung 2.11: Kleinsignalersatzschaltbild des zweistufigen Verstärkers

Die Analyse des Netzwerkes aus Abbildung 2.11 ergibt folgendes Gleichungssystem

$$\begin{pmatrix} \frac{1}{R_1} + s(C_1 + C_M) & -sC_M \\ g_{m2} - sC_M & \frac{1}{R_2} + s(C_2 + C_M) \end{pmatrix} \cdot \begin{pmatrix} V_1 \\ V_2 \end{pmatrix} = \begin{pmatrix} -g_{m1}U_e \\ 0 \end{pmatrix}. \qquad (2.66)$$

KAPITEL 2. STABILITÄT UND KOMPENSATION
RÜCKGEKOPPELTER BREITBANDVERSTÄRKER

Werden daraus die Polstellen berechnet, so ergeben sich für den Fall, dass eine dominante Polstelle s_{p1} und nicht-dominante Polstelle s_{p2} mit $|s_{p1}| \ll |s_{p2}|$ existieren [AH02]:

$$s_{p1} = -\frac{1}{R_2(C_2 + C_M) + R_1(C_1 + C_M) + g_{m2}C_M R_1 R_2} \qquad (2.67)$$

was näherungsweise zu

$$s_{p1} \simeq -\frac{1}{g_{m2}C_M R_1 R_2} \qquad (2.68)$$

führt und

$$s_{p2} \simeq -\frac{g_{m2}C_M}{C_1 C_2 + C_M(C_1 + C_2)}. \qquad (2.69)$$

Falls nun $C_M \gg C_1, C_2$ ist, was eine durchaus realistische Annahme ist [LS94], ergibt sich für den nichtdominanten Pol

$$s_{p2} \simeq -\frac{g_{m2}}{C_1 + C_2}. \qquad (2.70)$$

Vergleicht man die Lage der Polstellen vor und nach Einfügen von C_M, so wird sichtbar, dass sich die Polstellen voneinander entfernen. Der dominante Pol s_{p1} verschiebt sich in Richtung niedrigerer Frequenzen und der nicht dominante Pol s_{p2}, falls $1/g_{m2} \ll R_2$, in Richtung höherer Frequenzen, wie dies an Abbildung 2.12 zu erkennen ist, daher der Name Pole-Splitting-Kompensation.

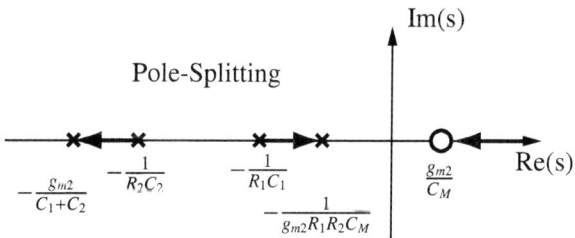

Abbildung 2.12: PN-Bild zur Millerkompensation

KAPITEL 2. STABILITÄT UND KOMPENSATION RÜCKGEKOPPELTER BREITBANDVERSTÄRKER

Durch die Rückkopplungskapazität C_M entsteht gleichzeitig auch ein Vorwärtspfad, der immer eine Nullstelle erzeugt [AH02]. Diese liegt in der rechten komplexen Halbebene bei

$$s_0 = \frac{g_{m2}}{C_M}. \tag{2.71}$$

Die Nullstelle kann sich nachteilig auswirken, da sie eine zusätzliche Phasendrehung von 90° und so einen geringeren Phasenrand im Frequenzgang der offenen Schleife verursacht. Dies kann laut Phasenrandkriterium nach Schließen der Rückkopplung zu einer instabilen Schaltung führen [AH02]. Abbildung 2.13 zeigt die Auswirkung einer Nullstelle im Frequenzgang des offenen Kreises.

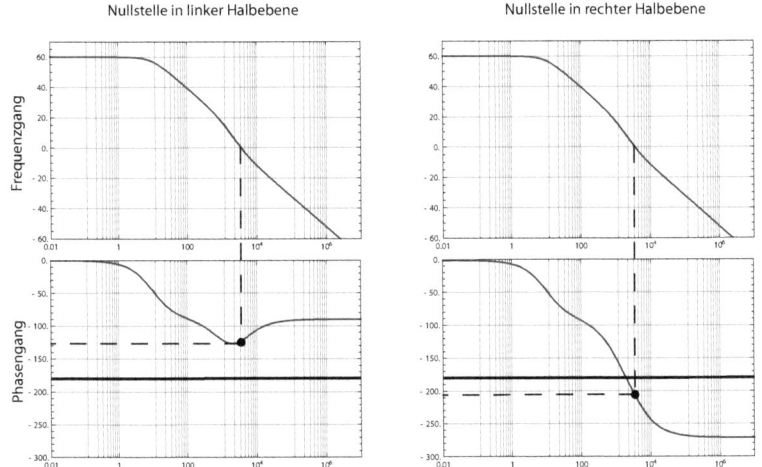

Abbildung 2.13: Auswirkung der Nullstelle in linker und rechter PN-Halbebene

Im linken Bild ist der Einfluss einer Nullstellen in der linken Halbebene zu erkennen. Sie dreht den Phasenverlauf wieder zurück und erzeugt somit einen größeren Phasenrand (im Bild: ca. 55°). Im rechten Teil der Abbildung 2.13 ist die Nullstelle in der rechten komplexen Halbebene. Sie dreht

den Phasenverlauf weiter in Richtung −180°-Achse und darüber hinaus. Wird der offene Kreis nun geschlossen, so entsteht ein instabiles System. Die Nullstelle aus Abbildung 2.12 kann aber durch Einfügen eines Widerstandes in Reihe zur Kapazität C_M in die linke Halbebene verschoben werden [JM97, AH02]. Diese Kompensationsvariante wird in der integrierten Schaltungstechnik zur Kompensation zweistufiger Operationsverstärkern sehr häufig angewendet. Das Netzwerk in Abbildung 2.14 ist, wie in Abbildung 2.11, ein vereinfachtes Kleinsignalmodell eines zweistufigen Verstärkers. Als Kompensationselemente wurden aber hier eine Widerstands-Kapazitäts-
Kombination gewählt.

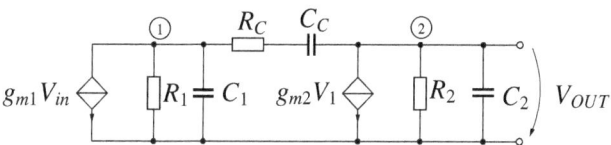

Abbildung 2.14: Kleinsignalersatzschaltbild

Nach Analyse des Netzwerkes zeigt sich, dass der Widerstand R_C die Nullstelle verschieben kann:

$$s_0 = -\frac{1}{C_C(R_C - 1/g_{m2})}. \qquad (2.72)$$

Ist der Widerstandswert R_C groß genug gewählt ($R_C > \frac{1}{g_{m2}}$), so befindet sich die Nullstelle in der linken komplexen Halbebene und verringert somit die Phasendrehung des offenen Kreises, das geschlossene System wird gleichzeitig stabilisiert.

2.5.2 Kompensation mittels frequenzabhängigem Gegenkopplungsnetzwerk

Eine verbreitete Technik zur Kompensation, vor allem bei I/U-Wandlern bzw. Transimpedanzverstärkern, ist die Nutzung eines frequenzabhängigen Gegenkopplungsnetzwerkes [Sei03]. Hier wird über der gesamten Verstärkerstruktur zwischen Ein- und Ausgang eine Kapazität meist parallel zu einem Widerstand für die Kompensation gelegt (Abbildung 2.15).

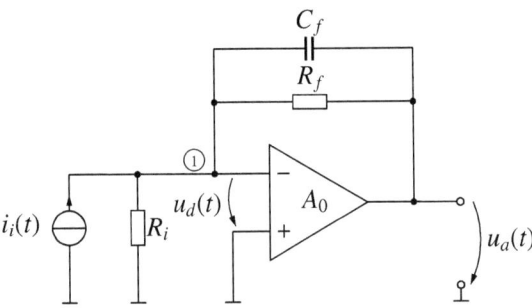

Abbildung 2.15: Beispielschaltung einer Transimpedanzverstärkerschaltung

Um die Wirkungsweise der Kompensation zu verstehen, wird bei der Analyse des Netzwerks angenommen, dass kein Strom in den Verstärker hinein fließt. Wird die Knotengleichung für den Knoten 1 Frequenzbereich aufgestellt, so ergibt sich

$$0 = \left(sC_f + \frac{1}{R_f}\right)[U_d(s) - U_a(s)] - I_i(s) + \frac{1}{R_i}U_d(s). \qquad (2.73)$$

Mit Hilfe von $U_d(s) = -\frac{U_a(s)}{A_0}$ wird daraus:

$$U_a(s) = R_i A_0 \left(sC_f[U_d(s) - U_a(s)] + \frac{1}{R_f}[U_d(s) - U_a(s)] - I_i(s)\right). \qquad (2.74)$$

Mit dem Zusammenhang

$$U_d(s) - U_a(s) = -U_a(s)\left(1 + \frac{1}{A_0}\right) \quad (2.75)$$

ergibt sich für die Spannung $U_a(s)$ am Ausgang, wobei gleichzeitig die Vorwärts- und Rückkopplungsübertragungsfunktion aus Abbildung 2.1 angegeben werden kann, folgende Formel:

$$\begin{aligned}
U_a(s) &= -R_i A_0 \left[I_i(s) + \left\{sC_f + \frac{1}{R_f}\right\}\left(1 + \frac{1}{A_0}\right) \cdot U_a(s)\right] \\
&= H_V \cdot I_i(s) - H_V H_R \cdot U_a(s) \quad (2.76) \\
&= H_V \left(I_i(s) - H_R U_a(s)\right). \quad (2.77)
\end{aligned}$$

Mit Hilfe Gleichung 2.76 und Gleichung 2.77 lässt sich nun ein regelungstechnisches Ersatzschaltbild angeben, bei dem der offene Kreis untersucht werden kann.

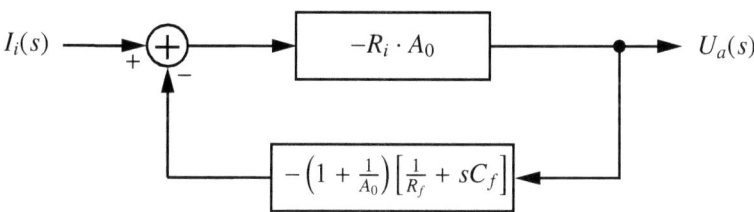

Abbildung 2.16: Regelungstechnisches Ersatzschaltbild

Bei der Verstärkung des offenen Kreises $G_0(s)$ aus Gleichung 2.78 ergibt sich in der Übertragungsfunktion eine zusätzliche Nullstelle, die durch die Kapazität C_f und den Widerstand R_f verursacht wird.

$$G_0(s) = H_V H_R = \left(1 + \frac{1}{A_0}\right)\frac{R_i}{R_f}\left[1 + sC_f R_f\right] \cdot A_0 \quad (2.78)$$

Mit dieser Nullstelle $s_0 = -\frac{1}{C_f R_f}$ kann die nichtdominante, aber im Frequenzgang kritische Polstelle des unkompensierten Transimpedanzverstärkers mit dem Frequenzgang $A_0(s)$ kompensiert werden. Damit wird die Phasenreserve des offenen Kreises vergrößert [Wup96b]. Der große Vorteil dieser Kompensationstechnik ist, dass eine viel größere Bandbreite des geschlossenen Systems möglich ist, als dies bei Kompensationen, die den dominanten Pol beeinflussen, der Fall war. [Wup96b]. Sie ist deshalb für Breitbandverstärker eine ideale Kompensationsmöglichkeit.

2.5.3 Negative Miller Capacitance Compensation

Ein sehr interessantes Verfahren ist die *Negative Miller Capacitance Compensation* (NMCC) [STKF04]. Hier wird der Millereffekt über einem *nichtinvertierenden Verstärker* ausgenutzt. Eine Kapazität über einen nichtinvertierenden Verstärker erzeugt, je nach Größe des Verstärkungsfaktors A, eine negative Eingangskapazität $C_{in} = C_M(1 - A)$ [CCP+06] oder Ausgangskapazität $C_{out} = C_M \left(1 - \frac{1}{A}\right)$ [STKF04]. Dabei ist C_M die Millerkapazität zwischen dem Ein- und Ausgangsknoten des nichtinvertierenden Verstärkers mit der Verstärkung A.

Nutzt man eine Schaltung mit $A < 1$, so wird die Ausgangskapazität C_{out} negativ und kann zur Reduktion einer parallel liegenden Lastkapazität genutzt werden. Das bedeutet, dass der nichtdominante Pol in Richtung höhere Frequenzen verschoben wird und der dominante Pol nahezu an der gleichen Stelle verbleibt.

Für eine negative Eingangskapazität muss der nichtinvertierende Verstärker eine Verstärkung von $A > 1$ besitzen. Dieser Eingang wird dann wieder parallel mit einer Lastkapazität verbunden, damit sich die Bandbreite des zu kompensierenden Verstärkers vergrößert [CCP+06]. Der Nachteil dieses Konzeptes ist der Flächenaspekt, da zur Erzeugung einer negativen Millerkapazität immer ein Verstärker benötigt wird, der selbst Chipfläche benötigt.

2.5.4 Frequenzgangskompensation mehrstufiger Verstärker

Müssen sehr große Verstärkungsfaktoren erzielt werden, z.B. Präzisionsverstärker, gibt es nur zwei Möglichkeiten. Entweder nutzt der Designer Kaskodestufen mit Gain-Boosting Technik [San06] oder weitere Verstärkerstufen (mehr als zwei Stufen) in Kette. Bei kleinen Betriebsspannungen ist der Einsatz von Kaskodeverstärkerstufen oder Gain-Boosting-Techniken sehr schwierig, um größere Verstärkungen zu erzielen. Der Frequenzgang bzw. der Phasenrand der offenen Schleife solcher mehrstufiger Verstärker ist jedoch meistens sehr schlecht und sie neigen so verstärkt zu Oszillationen. Der Phasenrand für ein stabiles geschlossenes System sollte bei mehrstufigen Verstärkern zwischen 40° und 60° liegen [GMHL01]. Um solche mehrstufigen Verstärker kompensieren zu können, haben sich in der neueren Vergangenheit weitere effiziente Kompensationsmethoden entwickelt (Nested-Kompensationstechniken), die hier allerdings nicht behandelt werden sollen, da die in dieser Arbeit entworfenen Applikationen nur ein- oder zweistufig sind. Deshalb sei dazu auf die Literatur verwiesen [EH95, HHd95, YESS97, TSM03, LMKS00, LM04, LM03, LLM03, NZA99].

2.6 Frequenzgangskompensation mit Hilfe symbolischer Methoden

Die in Abschnitt 2.5 beschriebenen Verfahren zählen zu den indirekten Kompensationsverfahren, da sie auf der Stabilitätstheorie des offenen Kreises beruhen. In diesem Abschnitt sollen die direkten Verfahren zur Frequenzgangskompensation vorgestellt und diskutiert werden, die auf den Stabilitätskriterien des geschlossenen Systems beruhen. Dies hat den Vorteil, dass die zu kompensierenden Netzwerke nicht aufgetrennt werden

KAPITEL 2. STABILITÄT UND KOMPENSATION RÜCKGEKOPPELTER BREITBANDVERSTÄRKER

müssen und sie in der Konfiguration, wie sie später auch eingesetzt werden, untersucht werden. Damit können bessere, an den jeweiligen Anwendungsfall angepasste Kompensationsnetzwerke gefunden werden.

Da diese Verfahren alle auf der Bestimmung von Pol- und Nullstellen beruhen, müssen komplexe mathematische Algorithmen, wie z.B. das *QZ-Verfahren* [Ste01] zur Berechnung genutzt werden. Damit kann die Lage der Polstellen in der komplexen Ebene berechnet und abgeleitet werden, ob ein System stabil ist oder nicht.

Nachdem die ersten Schaltkreissimulatoren, wie SPICE [Qua89, Vla94], entwickelt wurden, war auch der Weg frei für die Algorithmen zur Bestimmung der Stabilität, doch erst 1989 wurde in den Simulator *Spice3c1* [Qua89] ein Pol-Nullstellen-Lösungsalgorithmus implementiert, der zuverlässige Aussagen über die Stabilität treffen konnte, ohne dass eine Schaltung im Rückkopplungspfad aufgetrennt werden musste.

Doch aus der alleinigen Stabilitätsanalyse kann keine Information über mögliche Kompensationsmaßnahmen abgeleitet werden. Dies wurde erst mit Hilfe symbolischer Analyseverfahren möglich.

Symbolische Analyseverfahren

Im Schaltungsentwurf erfordert die Wahl der richtigen Kompensationstechnik sehr viel Erfahrung. Um auch rechnergestützt Möglichkeiten der Kompensation ableiten zu können, sind symbolische Analyseprogramme, die symbolische Ausdrücke von Schaltungen extrahieren können, notwendig.

Reine, d.h. ungenäherte symbolische Ausdrücke waren jedoch bis in die späten 80-er Jahre immer zu komplex, um Einsichten in das Schaltungsverhalten zu erlangen. Dies änderte sich, als Approximationsalgorithmen entwickelt wurden, die auf Basis numerischer Fehlerkontrolle symbolische Ausdrücke vereinfachten [GWS89, SHDH93, YS96], so dass einfache und handliche Terme auftraten, die das Schaltungsverhalten interpre-

KAPITEL 2. STABILITÄT UND KOMPENSATION RÜCKGEKOPPELTER BREITBANDVERSTÄRKER

tierbar machen.

Einige Werkzeuge, die in dieser Zeit entstanden, wie ASAP [FRVH91], SIFTER [HS94, HS95], SANTAFE [NKP94] und Analog Insydes [Fra, SHDH93, HS00], ermöglichten sogar auf Grundlage dieser Approximationsalgorithmen eine Pol- und Nullstellenextraktion in symbolischer Form. Dabei beruht die PN-Berechnung in [FRVH91] auf heuristischen Approximationen, wie z.B. der Pole-Splitting-Technik. In [NKP94] wird der gleiche Ansatz verfolgt, kombiniert diesen aber mit einem symbolischen Newtonverfahren. [HS94, HS95] erweitert die Pole-Splitting Technik auf zusammenliegende Gruppen von Pol- und Nullstellen und berechnet mit Hilfe von Approximationen auf der Systemdeterminante Übertragungsfunktionen, die nur in einem gewissen Frequenzbereich gültig sind. Mit Hilfe von Analog Insydes [DCH96, Hen00] sind auch kombinierte Approximationsansätze (auf der Systemdeterminante, auf der Übertragungsfunktion und den Formelausdrücken für die Pol-/Nullstellen) möglich. Alle diese Ansätze nutzen zunächst den Amplitudenfehler des Frequenzgangs als Fehlerkontrollmechanismus. Dadurch kann während des Approximationsprozesses das Problem auftreten, dass die Pol- und Nullstellen im Gegensatz zum Frequenzgang sehr empfindlich auf Störungen der Einträge in der Systemmatrix reagieren. Somit kann sich durchaus, trotz korrekten Frequenzganges, das gesamte Spektrum der Eigenwerte sehr stark nach der Approximation verändern. Pol-Nullstellenpaare, die numerisch identisch sind, können dann nicht mehr erkannt werden, da diese beim Approximationsprozess gelöscht werden können, wodurch symbolische Ausdrücke nicht mehr extrahierbar sind.

In [Hen02] und [GFRV02] werden zwei Verfahren vorgeschlagen, die das eben erwähnte Problem beheben. Das Verfahren in [Hen02] bestimmt den Einfluss einer Störung (Elimination eines Eintrages) in der Systemmatrix auf einen speziellen Eigenwert (Pol- oder Nullstelle) mit Hilfe einer taylorapproximierten Empfindlichkeitsformel für verallgemeinerte Eigenwertprobleme, siehe auch Abschnitt 3.1. Damit ist es möglich eine Liste, sortiert nach der Größe von Empfindlichkeiten, zu erstellen (Rankingliste), die eine Reihenfolge der zu eliminierenden Einträge in der Systemmatrix angibt. In einem nachfolgenden Schritt wird ein Matrixeintrag gelöscht und mit Hilfe des Jacobi-Korrekturverfahrens [SBFv96] die Verschiebung des zu untersuchenden Eigenwertes berechnet. Ist diese Verschiebung im Spektrum zu groß bzw. schiebt sich ein anderer Eigenwert an dessen ursprüngliche Stelle, so ist die Elimination des Matrixeintrages rückgängig zu machen und der nächste Matrixeintrag wird getestet. Sind alle Kriterien erfüllt, so wird der nächste Parameter aus der Rankingliste auf der jetzt neu veränderten Systemmatrix getestet. Nach Abarbeitung der kompletten Rankingliste wird die Determinante symbolisch berechnet und die Eigenwerte ausgegeben. Die starke Vereinfachung der Ausdrücke wird dadurch erreicht, dass sich das Verfahren nur auf einen Eigenwert konzentriert und der Rest des Spektrums keine weitere Rolle spielt.

In [GFRV02] wird mit Hilfe der von [Hal91] vorgeschlagenen MD-Transformation eine Zeitkonstanten-Matrix oder RC-Matrix erzeugt. Daraus können die ersten beiden Eigenwerte, wenn sie dominant gegenüber dem Rest des Spektrums sind, mit Hilfe der Spur der RC-Matrix und deren 2×2-Unterdeterminanten näherungsweise symbolisch bestimmt werden. Es ist ebenso möglich, nichtdominante Eigenwerte zu extrahieren. Liegen die Zeitkonstanten der Schaltung sehr dicht beieinander, wie dies bei Filtern der Fall ist, so liefert dieses Verfahren schlechte approximierte Ergebnisse.

Heuristische Verfahren der Kompensation

Das beschriebene Verfahren von [GFRV02] wird auch sehr häufig und intuitiv von Schaltkreisentwicklern in der Transistorschaltungstechnik angewendet. Durch Kenntnis der Grundschaltungen und deren Eigenschaften können „Knotenimpedanzen"[1] abgeschätzt werden. Die „Knotenimpedanz" ist der rein resistive Ein- oder Ausgangswiderstand einer Grundschaltung. Durch eine sehr hohe Knotenimpedanz kann ganz heuristisch angenommen werden, dass sich an dieser Stelle eine sehr große Zeitkonstante bildet und damit auch der dominante Pol. Z.B. kann in einer Schaltung mit Kaskodestufe gesagt werden, dass die höchste Knotenimpedanz am Ausgang der Schaltung zu finden ist und damit auch der dominante Pol dort gebildet wird (Abbildung 2.17).

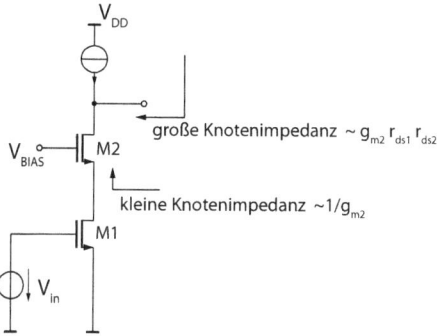

Abbildung 2.17: Knotenimpedanzen an Kaskodeschaltung

Diese Betrachtungsweise erlaubt eine einfache Einschätzung der Polstellenlagen in der Schaltung und kann zur Ermittlung von Knoten genutzt werden, an denen Kompensationselemente anzubringen sind.
Bei dieser Betrachtungsweise wird davon ausgegangen, dass alle Polstellen in einer Schaltung reell und nicht komplexwertig sind und sowohl dominante als auch nicht-dominante Polstellen existieren. Da dies jedoch nicht immer der Fall sein muss (vor allem bei sehr schnellen Verstärkerschaltungen), kann auch dieses heuristische Verfahren zu Fehlinterpretationen bezüglich der Kompensationselemente führen.

---

[1] Eine große Knotenimpedanz wird auch manchmal als „hochohmiger Knoten" bezeichnet.

KAPITEL 2. STABILITÄT UND KOMPENSATION
RÜCKGEKOPPELTER BREITBANDVERSTÄRKER

Verfahren der direkten Kompensation

Aus den symbolischen Ausdrücken für Pol- und Nullstellen in *geschlossener Schleife* können Schlussfolgerungen gezogen werden, an welchen Knoten in einer Schaltung Kompensationselemente anzubringen sind. Dazu wird im einfachsten die symbolische Formel für einen Pol- oder eine Nullstelle untersucht und darin enthaltene Bauelementeparameter gezielt verändert bis das gewünschte Stabilitätsverhalten erreicht ist. Genauso ist es möglich Parametervariationen von sehr komplexen Übertragungsfunktionen bzgl. Polstellenverschiebungen zu untersuchen, um so Kompensationselemente zu finden, die zu einem besseren Stabilitätsverhalten führen. Da diese Kompensationsmethodik in geschlossener Schleife erfolgt, wird diese Variante der Kompensation *direkte Kompensation* genannt [Hen00, HS00].
Einschränkungen werden bei Auswahl der zu verändernden Bauelementeparameter derart getroffen, so dass der Arbeitspunkt einer Schaltung erhalten bleibt. Damit beschränkt sich die Methodik auf reine kapazitive Veränderungen. Enthält z.B. eine Formel für eine Polstelle Transkonduktanzen, Transistorwiderstände und Kleinsignalkapazitäten, so kann nur die Kleinsignalkapazität verändert (vergrößert) werden, ohne dass der Arbeitspunkt beeinflusst wird. Damit wird auch deutlich, dass nur schon in der symbolischen Formel vorhandene Kleinsignalelemente zur Kompensation genutzt werden können. Kompensation über mehrere Bauelemente hinweg bzw. über nicht direkt verbundene Knoten ist hierbei nicht möglich.
Ein anderer Ansatz zur direkten Platzierung von Polstellen und damit ein Ansatz zur direkten Kompensation wird in [Bal10] gezeigt. Dabei wird das Verfahren aus [GFRV02] genutzt, um die Zeitkonstanten-Matrix [GFRV02, Hal88] des Netzwerkes semisymbolisch zu bestimmen. Kapazitäten bzw. Induktivitäten werden in der Matrix als symbolische Parameter belassen, die in einem folgenden Optimierverfahren solange verändert werden, bis eine vorgegebene Eigenwertlage erreicht wurde. Der Nachteil dieses Ver-

fahrens ist, dass es bei sehr großen Netzwerken, wie dies in der integrierten Schaltungstechnik der Fall ist, zu einem Komplexitätsproblem kommt.

2.7 Schlussfolgerung

Es gibt viele Kompensationsmöglichkeiten für rückgekoppelte Breitbandverstärker. Allerdings wird in den meisten Verfahren davon ausgegangen, dass sich die Schaltungen ohne schwerwiegende Probleme in das Konzept des einfachen Regelkreises einpassen. Das bedeutet, eine Auftrennung des Gegenkopplungspfades, um die Übertragungsfunktion des offenen Kreises zu erhalten, muss möglich sein.
Die Realität zeigt allerdings, dass ein Auftrennen des Gegenkopplungspfades nicht so einfach realisierbar ist, da in sehr breitbandigen Schaltungen exakte Lastverhältnisse am Ein- und Ausgang wieder hergestellt werden müssen und dies über mehrere Frequenzdekaden. Dies kann aber z.B. in hohen Frequenzbereichen sehr schwierig werden, da die Ein- und Ausgangswiderstände der Schaltung nicht reell, sondern komplexe Größen und demnach frequenzabhängig sind. Dies erschwert die Modellierung der Lastverhältnisse enorm.
Ein weiterer Punkt ist, dass in vielen Fällen das spezielle Nyquist-Kriterium bzw. das daraus resultierende Phasenrandkriterium nicht anwendbar ist, da teilweise die Schaltungen in offener Schleife schon instabil sind. Hier muss für eine korrekte Stabilitätsanalyse das allgemeine Nyquist-Kriterium angewendet werden, was aber eine Pol-Nullstellenanalyse der offenen Schleife voraussetzt. Dies verkompliziert natürlich die Verifikation einer Schaltung.
Da aber Aussagen über die Stabilität einer Schaltung getroffen werden müssen, ist es sinnvoll, mathematische Methoden zur Pol- und Nullstellenberechnung anzuwenden. Diese haben den entscheidenden Vorteil, dass das Prinzip des einfachen Regelkreises nicht mehr angewendet werden

muss. Die Schaltung kann in ihrer späteren Anwendungskonfiguration, wie sie in den meisten Fällen auch entworfen wird, belassen werden. Dadurch spart sich der Schaltungsentwickler die Modellierung der Lastverhältnisse an den Ein- und Ausgängen einer Schaltung.

3 Kompensation durch direkte Eigenwertverschiebung

In diesem Kapitel werden die Methoden aufgezeigt, mit deren Hilfe eine Schaltung gezielt verändert werden kann, um systematisch Eigenwerte an eine gewünschte Position bzw. in einen Bereich in der komplexen Ebene zu verschieben. Dieses Verfahren wird später zur Kompensation von Breitbandverstärkern eingesetzt. Dadurch wird ein optimales, an die jeweilige Anwendung angepasstes Kompensationsnetzwerk automatisch generiert. Da diese Verfahren auf dem geschlossenen Systems arbeiten und die Stabilität anhand der Eigenwerte bestimmt wird, soll im Folgenden die Eigenwertproblematik und deren Verschiebung diskutiert werden.

KAPITEL 3. KOMPENSATION DURCH DIREKTE
EIGENWERTVERSCHIEBUNG

3.1 Formulierung des Eigenwertproblems

Ein lineares System lässt mit Hilfe der Verfahren der Netzwerkanalyse aus Unterabschnitt 2.1.2 als lineares Gleichungssystem, wie in Gleichung 2.11 darstellen:

$$\mathbf{A}\mathbf{x} = \mathbf{b} \tag{3.1}$$

Sind in einem linearen Netzwerk dynamische bzw. frequenzabhängige Elemente enthalten, die mit Hilfe der Laplace-Variable s dargestellt werden, so kann die Matrix $\mathbf{A}$ in einen statischen oder frequenzunabhängigen Teil $\mathbf{G}$, der nur Leitwerte, Widerstände und gesteuerte Quellen enthält, und in einen dynamischen oder frequenzabhängigen Teil $\mathbf{C}$, der nur Kapazitäten und Induktivitäten bzw. Transreaktanzen enthält, zerlegt werden.

$$\mathbf{A}\mathbf{x} = (\mathbf{G} - s \cdot \mathbf{C})\mathbf{x} = \mathbf{b}. \tag{3.2}$$

Da die Polstellen eines Netzwerkes unabhängig von seiner Anregung sind, ist es ausreichend, zu ihrer Bestimmung das homogene Gleichungssystem zu lösen.

$$(\mathbf{G} - s \cdot \mathbf{C})\mathbf{x} = \mathbf{0} \quad \Rightarrow \quad \mathbf{G}\mathbf{x} = s\mathbf{C}\mathbf{x} \tag{3.3}$$

Gleichung 3.3 stellt ein *verallgemeinertes Eigenwertproblem* dar. Verallgemeinert deshalb, da $\mathbf{C}$ keine Einheitsmatrix ist [VS03]. Da im allgemeinen Fall entweder die Matrix $\mathbf{G}$ *oder* $\mathbf{C}$ *singulär* sein kann, müssen spezielle Verfahren zur Lösung des Problems genutzt werden. Dies kann das *QZ-Verfahren* von Moler und Stewart [Ste01] sein, welches eine Erweiterung des *QR-Verfahrens* darstellt [Sch97].
Breitbandverstärker in der integrierten Schaltungstechnik haben üblicherweise eine Gleichstromrückkopplung, über der ihr Arbeitspunkt eingestellt wird. Dies erleichtert die Berechnung der Eigenwerte erheblich, denn die Gleichung

$$\mathbf{G}\mathbf{x} = \mathbf{b} \tag{3.4}$$

besitzt eine Lösung. Das bedeutet, dass die Matrix **G** nicht singulär und somit *invertierbar* ist. Damit ist eine Vereinfachung vom verallgemeinerten Eigenwertproblem zum speziellen Eigenwertproblem möglich.

$$(-\mathbf{E} + s \cdot \mathbf{G}^{-1} \cdot \mathbf{C}) \cdot \mathbf{x} = \mathbf{0} \tag{3.5}$$

$$(\mathbf{G}^{-1} \cdot \mathbf{C} - \tau \cdot \mathbf{E}) \cdot \mathbf{x} = \mathbf{0} \quad \text{mit} \quad \tau = \frac{1}{s} \tag{3.6}$$

E ist die Einheitsmatrix. Die Variable τ stellt die Zeitkonstanten des Netzwerkes dar und besitzt somit sogar eine physikalische Interpretation. Damit ergibt sich das spezielle Eigenwertproblem zu:

$$(\mathbf{P} - \tau \cdot \mathbf{E}) \cdot \mathbf{x} = \mathbf{0} \quad \text{mit} \quad \mathbf{P} = \mathbf{G}^{-1} \cdot \mathbf{C}. \tag{3.7}$$

Diese Möglichkeit der Vereinfachung wird auch in ähnlicher Weise bei der *Modification-Decomposition Transformation* (MD-Methode) von S. Haley [Hal88, HH89] angewendet und ist in symbolischen Werkzeugen wie ASAP [GRGFRV02] implementiert. Der Vorteil dieser Vorgehensweise besteht darin, dass der stabilere und schnellere *QR-Algorithmus* zur Eigenwertberechnung statt des QZ-Verfahrens verwendet werden kann.

Ein weiteres Verfahren zur Eigenwertberechnung ist das *Jacobi-Davidson-Verfahren*. Es ist ein iteratives Verfahren und findet dann Anwendung, wenn nicht das gesamte Eigenwertspektrum, sondern nur vereinzelte Eigenwerte in einer Umgebung interessieren.

3.2 Eigenwertverschiebung in der Energietechnik

Ziel ist es auch in der Energietechnik, Polstellen an Stellen in der komplexen Ebene zu verschieben, so dass im Frequenzgang keine bzw. nur wenig Resonanzüberhöhungen auftreten.

Ansätze zur numerischen Bestimmung von Pol- und Nullstellen sowie deren Optimierung bzgl. der Lage in der komplexen Ebene wurden auf dem

KAPITEL 3. KOMPENSATION DURCH DIREKTE
EIGENWERTVERSCHIEBUNG

Gebiet der Energienetze bereits im Jahr 2003 untersucht [VM00, VGM01, VML03]. Durch Nichtlinearitäten der Leistungselektronik, wie Gleichrichter oder Schaltnetzteile, können in Energieversorgungsnetzen durch die Entnahme von nichtsinusförmigen Strom an den Netzimpedanzen höhere Harmonische auf den Versorgungsleitungen auftreten. Um diese Harmonische in andere Frequenzbereiche zu verschieben, in denen sie weniger störend wirken, werden Modelle für die Energienetze analysiert. Mit Hilfe des Newtonverfahrens werden eingesetzte RLC-Filter dimensioniert. Dadurch ist es möglich Pol- und Nullstellen an zuvor festgelegte Orte zu verschieben, damit ungewollte und besonders störende Harmonische unterdrückt werden.

3.3 Kompensation durch manuelle Topologiemodifikation

Die bestehenden Verfahren zur direkten Eigenwertverschiebung und direkten Kompensation aus Abschnitt 2.6 dimensionieren schon im Netzwerk bestehende Elemente um, bis das gewünschte Ergebnis erreicht wird. Beide Verfahren lassen sich aber vereinen und erweitern, so dass komplett neuartige Kompensationsmöglichkeiten für Breitband-Verstärkeranwendungen entstehen.

Dazu werden neue Zweige mit Netzwerkelementen in eine Schaltung eingefügt, wobei jeder Knoten der Schaltung mit jedem anderen in der Schaltung konnektiert wird. Dabei habe die Schaltung n Knoten. Die Anzahl m der eingefügten Zweige beträgt dann [AW84, Che91]

$$m = \frac{n(n-1)}{2}. \qquad (3.8)$$

Abbildung 3.1 zeigt die möglichen Verbindungen in einem Netzwerk mit n Knoten. Dabei gibt es vom Knoten 1 aus $n-1$ mögliche Verbindungen, vom Knoten 2 aus sind es nur noch $n-2$ Verbindungen usw. Das ergibt

KAPITEL 3. KOMPENSATION DURCH DIREKTE
EIGENWERTVERSCHIEBUNG

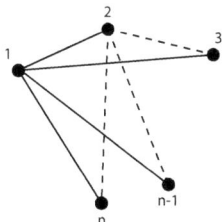

Abbildung 3.1: Verbindungsmöglichkeiten im Netzwerk

eine Summe von

$$(n - 1) + (n - 2) + \cdots + 1 + 0 = m \tag{3.9}$$

möglichen einfügbaren Zweigen. Unter Nutzung der Gaußschen Summenformel [MV99a] ergibt dies

$$(n + (n - 1) + (n - 2) + \cdots + 1 + 0) - n = \left(\sum_{k=1}^{n} k\right) - n \tag{3.10}$$

$$= \frac{n(n + 1)}{2} - n \tag{3.11}$$

$$= \frac{n^2 + n - 2n}{2} = \frac{n(n - 1)}{2}. \tag{3.12}$$

Als einfügbare Zweige können beliebige Netzwerkelemente bzw. Kombinationen aus Netzwerkelementen (Admittanzen Y) genutzt werden. In dieser Arbeit wurde sich auf den Fall eines Kapazitätszweiges beschränkt, da diese den Arbeitspunkt der Schaltung unverändert lässt (Abbildung 3.2).
Da keine neuen Knoten durch Einfügen von Netzwerkelementen entstehen, wird die Systemmatrix ihre Dimension gegenüber des unmodifizierten Netzwerkes nicht verändern, was den Aufwand der Rechenoperationen bei der Lösung des Gleichungssystems konstant hält.
Für die so erhaltene Schaltung kann nun das Gleichungssystem nach einer beliebigen Ausgangsgröße (Spannung oder Strom) semisymbolisch gelöst

KAPITEL 3. KOMPENSATION DURCH DIREKTE EIGENWERTVERSCHIEBUNG

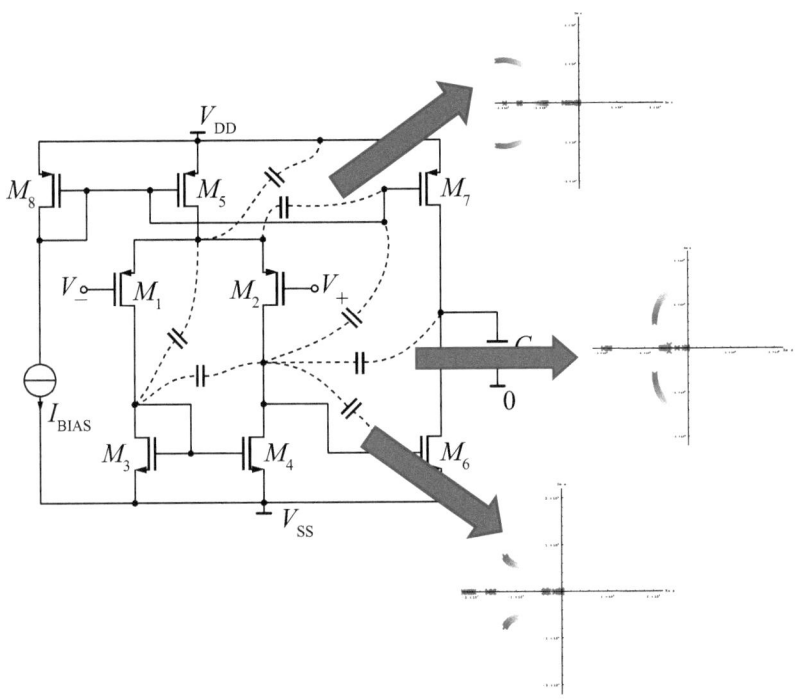

Abbildung 3.2: Konnektierung von kapazitiven Zweigen in einer Schaltung

werden, d.h. alle numerischen Bauelementewerte sind eingesetzt, nur die Laplace-Variable s bleibt symbolisch. Anfänglich haben alle eingefügten Kapazitäten den Wert Null. Danach wird eine eingefügte Kapazität zufällig ausgewählt, ihr Wert in einer zuvor festgelegten Schrittweite verändert, die Eigenwerte und der Frequenzgang berechnet und beides ausgewertet (Abbildung 3.2). Ergibt sich bei einer Änderung des Kapazitätswertes eine Veränderung des Frequenzganges, so ist vom Schaltungsentwickler zu entscheiden, ob diese Veränderung als positiv oder negativ zu bewerten ist. Bei einer Verschlechterung des Frequenzganges (z.B. Resonanzüberhöhung vergrößert sich) ist der letzte Schritt rückgängig zu machen und

KAPITEL 3. KOMPENSATION DURCH DIREKTE EIGENWERTVERSCHIEBUNG

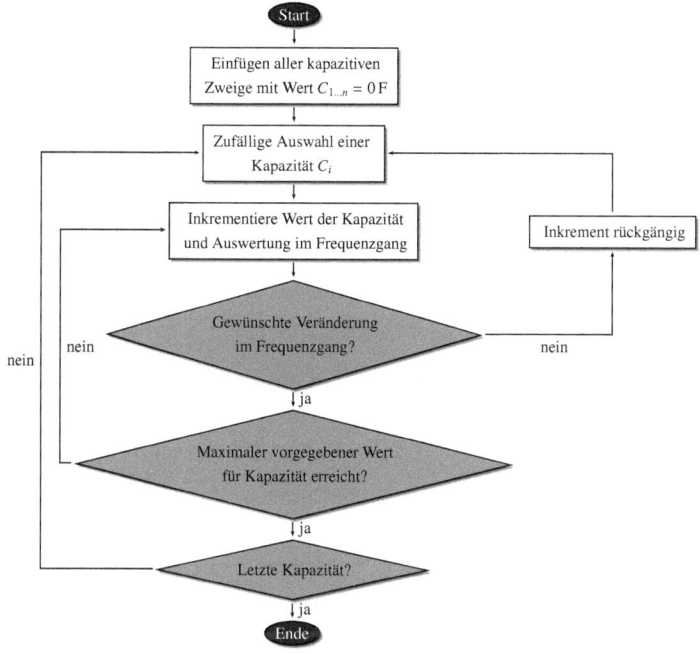

Abbildung 3.3: Ablauf der halbautomatischen Topologiemodifikation

mit einer anderen zufällig ausgewählten Kapazität fortzufahren. Bei einer Verbesserung ist eine weitere Erhöhung des Kapazitätswertes vorzunehmen und erneut der Frequenzgang auszuwerten.

Das beschriebene Verfahren ist in Abbildung 3.3 als Flussdiagramm dargestellt. Da der Schaltungsdesigner den Frequenzgang der Schaltungen während der Modifikationsphase manuell auswerten muss, wird dieses als *halbautomatische Topologie-* oder *Schaltungsstrukturmodifikation* bezeichnet [KSS08].

KAPITEL 3. KOMPENSATION DURCH DIREKTE
EIGENWERTVERSCHIEBUNG

3.4 Automatische Topologiemodifikation durch Eigenwertempfindlichkeiten

Der Nachteil des halbautomatischen Algorithmus liegt in der Anzahl der vielen eingefügten Netzwerkelemente und der manuellen Auswertung der Auswirkungen auf den Frequenzgang. So ist zum Beispiel die Knotenanzahl eines Miller-Operationsverstärkers, wie aus Abbildung 3.2, $n = 8$ Knoten. Deshalb sind in diese Schaltung 28 Kapazitäten einzubauen, die dann manuell ausgewertet werden müssen. Das erscheint auf dem ersten Blick noch realisierbar, aber bei industriellen Schaltungen liegt die Knotenanzahl bei mehr als $n = 30$ Knoten, wobei dann mehr als 435 Kapazitäten manuell auszuwerten wären. Das bedeutet, dass dieses Verfahren ein Komplexitätsproblem besitzt. Deshalb ist es notwendig, ein vollautomatisiertes Verfahren zu entwickeln, das die Auswertung der Frequenzgänge bzw. Pol- und Nullstellenkonfigurationen übernimmt.

Im ersten Teil des Verfahrens soll automatisch vom Algorithmus entschieden werden, welche der eingefügten Kapazitäten Einfluss auf das dominante Frequenzverhalten der Schaltung haben. Diejenigen, die keinen oder nur geringen Einfluss zeigen, werden nicht in Betracht gezogen. Gleiches soll für Kapazitäten gelten, die den Frequenzgang negativ beeinflussen. Negativer Einfluss bedeutet dabei eine Verringerung der Stabilitätsreserve, vgl. dazu Unterabschnitt 2.4.2 und Unterabschnitt 2.4.3. Wichtig ist hier der Zusammenhang aus Unterabschnitt 2.4.3 mit dem aus der Lage der Polstellen einer Schaltung das Frequenzverhalten und das Verhalten im Zeitbereich abgeleitet werden kann und damit ein Kriterium zur Beschreibung des Stabilitätsverhaltens von Schaltungen darstellt.

Nun muss eine Möglichkeit gefunden werden, um das Komplexitätsproblem der vielen eingefügten Zweige zu lösen. Das bedeutet, es muss die Richtung der Polstellenverschiebung bestimmbar sein, ohne dass aufwendige Parametersimulationen notwendig werden.

Dies führt zu dem Thema der Eigenwertempfindlichkeit für das verallgemeinerte Eigenwertproblem. Damit kann geklärt werden, in welche Richtung sich ein bestimmter Eigenwert durch Störung der Matrizen **G** bzw. **C** verschiebt. Eine Störung der Matrix **C** kann zum Beispiel durch Einfügen von einer Admittanz $Y = G + sC$ in ein Netzwerk entstehen. Gesucht ist demnach:

$$\frac{\partial s_i}{\partial Y_j}; \quad i = 1...n \quad j = 1...m. \tag{3.13}$$

Dabei ist Y_j eine eingefügte Admittanz, die eine Störung in den Matrizen **G** oder **C** verursacht und s_j der Eigenwert, auf den die Störung wirkt.
Zur Bestimmung der Eigenwertempfindlichkeit ist das verallgemeinerte Links- und Rechtseigenwertproblem notwendig. Diese werden durch

$$\mathbf{y}_i^H(\mathbf{G} - s_i\mathbf{C}) = (\mathbf{G} - s_i\mathbf{C})^H \mathbf{y}_i = \mathbf{0} \tag{3.14}$$

und

$$(\mathbf{G} - s_i\mathbf{C})\mathbf{x}_i = \mathbf{0} \tag{3.15}$$

dargestellt. Dabei ist $\mathbf{y}_i$ der Linkseigenvektor somit bildet Gleichung 3.14 das Linkseigenwertproblem. $\mathbf{x}_i$ ist der Rechtseigenvektor. Gleichung 3.15 liefert damit das Rechtseigenwertproblem [Hal88]. $\cdot^H$ bedeutet, dass der Vektor transponiert wird und konjugiert komplex zu behandeln ist (hermitsch).
Eine Ableitung der Eigenwertempfindlichkeit für das verallgemeinerte Eigenwertproblem ist aus [Hen00] zu entnehmen. Sie liefert

$$S_i = \frac{\partial s_i}{\partial Y_j} = \frac{\mathbf{y}_i^H \left(\frac{\partial \mathbf{G}}{\partial Y_j} - s_i \frac{\partial \mathbf{C}}{\partial Y_j} \right) \mathbf{x}_i}{\mathbf{y}_i^H \mathbf{C} \mathbf{x}_i}. \tag{3.16}$$

Mit Hilfe Gleichung 3.16 ist es nun möglich für beliebig eingefügte Admittanzen Y, die Auswirkungen auf das Eigenwertspektrum zu erkennen. Wie schon erwähnt wird sich in der Arbeit auf rein kapazitiver Zweige beschränkt. Damit ist eine Neuberechnung des Arbeitspunktes einer

Schaltung nicht notwendig. Gleiches gilt allerdings auch für Widerstands-Kapazitäts-Kombinationen, die hier nicht weiter behandelt werden. Damit wird die Ableitung

$$\frac{\partial \mathbf{G}}{\partial Y_j} = 0. \quad (3.17)$$

Da in der Matrix **C** als Störung keine Polynome höherer Ordnung auftreten, bleiben nach Differentiation nur konstante Einträge mit dem Wert 1 oder −1 erhalten. Falls in ein Netzwerk zum Beispiel zwischen Knoten r und Knoten s eine Kapazität $Y_i = C_i$ eingefügt wird, ergibt sich mit Hilfe der MNA-Formulierung aus Abschnitt 2.1.2 folgende Form:

$$\frac{\partial \mathbf{C}}{\partial Y_i} = \begin{array}{c} \\ \\ r \\ \\ s \\ \\ \\ \end{array} \begin{pmatrix} & & r & & s & & \\ & & 0 & & 0 & & \\ & & \vdots & & \vdots & & \\ 0 & \cdots & -1 & \cdots & 1 & \cdots & 0 \\ & & \vdots & & \vdots & & \\ 0 & \cdots & 1 & \cdots & -1 & \cdots & 0 \\ & & \vdots & & \vdots & & \\ & & 0 & & 0 & & \end{pmatrix} \quad (3.18)$$

Durch die einfache Struktur von **C** (nur lineare Einträge der markanten Vierermuster) muss die Ableitung $\frac{\partial \mathbf{C}}{\partial Y_i}$ nicht explizit berechnet werden [KNS+08]. Es kann an den Stellen (Knoten des Netzwerkes), an der die Störung eingefügt wurde, eine 1 oder −1 eingefügt werden, alle anderen Einträge haben den Wert 0. Der numerische Wert der Störung ist deshalb nicht notwendig. Diese Vorgehensweise reduziert den Aufwand beim Aufstellen der Gleichungen und bei der Bestimmung der Empfindlichkeit.

S_i stellt eine komplexe Größe dar, die die Verschiebungsrichtung des ausgewählten Eigenwertes in der komplexen Ebene bei Störung von Matrixeinträgen angibt (siehe Abbildung 3.4). Z.B. bedeutet eine Empfindlichkeit von $S_i = -a + jb$ mit $a > 0$, dass der Eigenwert in der komplexen Ebene in Richtung negativer Realteile verschoben wird.

KAPITEL 3. KOMPENSATION DURCH DIREKTE EIGENWERTVERSCHIEBUNG

Werden in ein Netzwerk von jedem Knoten zu allen anderen Knoten Kapazitäten $C_{1..n}$ eingefügt, so ist die dynamische Matrix **C** voll besetzt. Wird nun die Empfindlichkeit eines Eigenwertes s_i bzgl. aller eingefügten Kapazitäten C_j bestimmt, erhält man einen Empfindlichkeitsvektor $\mathbf{S}_i$ für den i-ten Eigenwert

$$\mathbf{S}_i = \left(\frac{\partial s_i}{\partial Y_1}, \frac{\partial s_i}{\partial Y_2}, ..., \frac{\partial s_i}{\partial Y_m} \right)^T \quad \text{mit} \quad m = \frac{n(n-1)}{2} \quad n-\text{Anzahl der Knoten} \tag{3.19}$$

oder falls die eingefügten Parameter Kapazitäten darstellen

$$\mathbf{S}_i = \left(\frac{\partial s_i}{\partial C_1}, \frac{\partial s_i}{\partial C_2}, ..., \frac{\partial s_i}{\partial C_m} \right)^T. \tag{3.20}$$

Da mit dem vorhandenen Empfindlichkeitsvektor eine Verschiebungsrichtung bei Einfügen einer Matrixstörung angegeben werden kann, ist es nun möglich, automatisiert eine Entscheidung zu treffen, ob eine eingefügte Kapazität C_j einen Beitrag zur Stabilität (d.h. der Eigenwert wird in Richtung negative Realteile verschoben) eines Netzwerkes bezogen auf einen ausgewählten Eigenwert s_i liefert oder ob diese Kapazität C_j zu Instabilitäten führen kann. Zu Instabilitäten führen Kapazitäten, die eine Empfindlichkeit erzeugen, die in Richtung positiver Realteile (negativer Einfluss) zeigt (siehe Abbildung 3.4).
Dagegen sind Kapazitäten, deren Empfindlichkeit in Richtung negativer Realteile (positiver Einfluss) zeigt, als positiv zu bewerten. Die Admittanzen/Kapazitäten mit negativem Einfluss werden sofort aus der Parameterliste gestrichen und für weitere Operationen nicht mehr betrachtet. Positiver Einfluss bedeutet, dass die Empfindlichkeit in Richtung der grauen Ebene zeigt, was gleichbedeutend mit einer Bandbreitenvergrößerung und Stabilisierung einer Schaltung ist. Zeigt die Empfindlichkeit in Richtung der weißen Ebene, so ist dies mit einem negativen Einfluss, also instabilerem Verhalten der Schaltung, verbunden.

KAPITEL 3. KOMPENSATION DURCH DIREKTE
EIGENWERTVERSCHIEBUNG

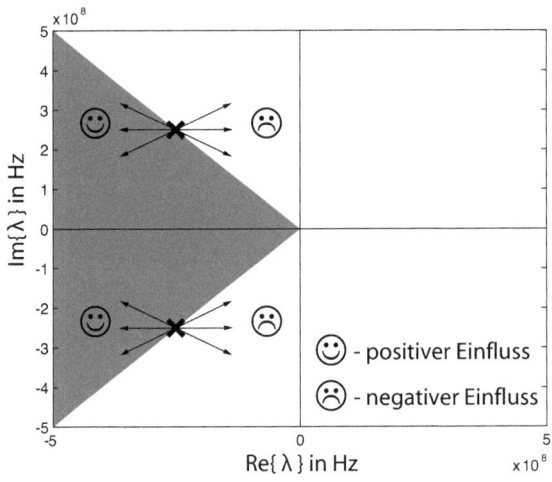

Abbildung 3.4: Mögliche Richtungen der Empfindlichkeiten

Jetzt ist der Punkt erreicht, an dem in dem modifizierten Netzwerk nur eingefügte Parameter bzw. Kapazitäten mit positiven Einfluss enthalten sind. Diese sind aber weiterhin undimensioniert, da die Empfindlichkeit ohne numerische Werte bestimmt wurde, d.h. im Punkt $C = 0$. Zur Dimensionierung der verbleibenden Admittanzen werden aufgrund des stark nichtlinearen Problems der Polstellenwanderung nichtlineare Optimierverfahren eingesetzt [Mey07, Sch, NW99, Alt02]. Diese werden in den folgenden Abschnitten beschrieben. Danach werden zwei komplette Verfahren zur vollautomatischen Kompensation mittels Eigenwertverschiebung und Optimierung vorgestellt und an Beispielen diskutiert.

3.5 Optimierungsverfahren zur Dimensionierung in der Schaltungstechnik

Die Optimierung beschäftigt sich mit der Minimierung oder Maximierung von linearen und nichtlinearen Problemen. Anwendung findet die Optimierung in allen wissenschaftlichen Bereichen, bei denen Probleme mit vielen Parametern gelöst werden müssen. Dabei wird nicht versucht, die genaue Lösung des Problems zu finden, sondern eine, die möglichst nahe in der Umgebung der Lösung liegt. Aus dieser Forderung kann ein Optimierungsproblem formuliert werden. In den nächsten Unterabschnitten werden zwei der Verfahren zur nichtlinearen Optimierung vorgestellt, da sie in dieser Arbeit zur Dimensionierung der Kompensationselemente in Breitbandverstärkern genutzt werden.

3.5.1 Optimierung ohne Nebenbedingungen

Bei der Optimierung ohne Nebenbedingungen wird die *Zielfunktion* oder *Kostenfunktion* f minimiert, die ausschließlich von reellen Variablen abhängt. Diese Variablen sind keinen Restriktionen also Nebenbedingungen unterworfen. Mathematisch formuliert lautet die Optimierungsaufgabe dann

$$\min_{\mathbf{x}} f(\mathbf{x}) \qquad \mathbf{x} \in \mathbb{R}^n. \tag{3.21}$$

Ein Maximierungsproblem kann ebenfalls als Minimierungsproblem aufgefasst werden:

$$\max_{\mathbf{x}} f(\mathbf{x}) = -\min_{\mathbf{x}} f(\mathbf{x}). \tag{3.22}$$

Somit kann im Folgenden immer von einem Minimierungsproblem gesprochen werden.

KAPITEL 3. KOMPENSATION DURCH DIREKTE EIGENWERTVERSCHIEBUNG

Beispiel. *Als Beispiel für ein nicht restringiertes Optimierungsproblem (ohne Nebenbedingungen) kann hier folgende Zielfunktion angesehen werden:*

$$f(x_1, x_2) = 2x_1^2 + x_2^2 - 4x_1 - 2x_2 + 3. \tag{3.23}$$

Die Optimierungsaufgabe besteht darin, das Minimum der Zielfunktion $f(x_1, x_2)$ zu finden, siehe Abbildung 3.5. Das globale Minimum, welches zu suchen wäre, ist im Punkt $\mathbf{x} = (1, 1)$ zu finden.

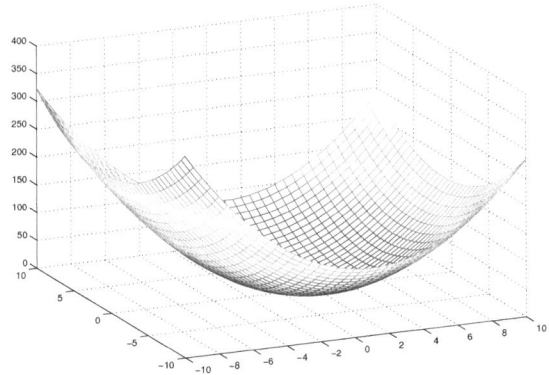

Abbildung 3.5: Beispiel einer Zielfunktion für ein nichtrestringiertes Optimierungsproblem

In diesem Zusammenhang soll noch erwähnt werden, dass es in der Optimierung sogenannte Testfunktionen gibt, die zur Verifikation des Optimierungsalgorithmus herangezogen werden können. Zu diesen Testfunktionen gehören u.a. die Rosenbrock-Funktion, die Himmelblau-Funktion und die Funktion von Bazaraa-Shetty [Alt02]. Nichtlineare Optimierungsprobleme, um die es im Weiteren gehen soll, können in der Regel nicht analytisch, sondern nur numerisch gelöst werden. Dabei wird von einem Startpunkt $\mathbf{x}^{(0)}$ ausgehend eine Folge $\mathbf{x}^{(k)}$ mit $k = 1, 2, 3, \ldots$ berechnet, so dass für die Zielfunktion gilt

$$f(\mathbf{x}^{(k+1)}) < f(\mathbf{x}^{(k)}).\qquad(3.24)$$

Verfahren, die diese Methode der Minimierung benutzen, nennt man *Abstiegsverfahren*. Hier wird bei jeder Iteration der Funktionswert verkleinert und damit ein besserer Punkt als der vorherige berechnet, was in der Praxis meist ausreichend ist. Dabei ergibt sich $\mathbf{x}^{(k+1)}$ aus:

$$\mathbf{x}^{(k+1)} = \mathbf{x}^{(k)} + \alpha_k \Delta\mathbf{x}^{(k)}.\qquad(3.25)$$

α_k ist die Schrittweite und $\Delta\mathbf{x}^{(k)}$ die Suchrichtung im Abstiegsverfahren im k-ten Iterationsschritt. Prinzipiell gibt es zwei Verfahren zur Konstruktion von Abstiegsverfahren [NW99, Alt02]:

- Verfahren mit Schrittweitensteuerung: Im ersten Schritt wird eine Suchrichtung $\Delta\mathbf{x}^{(k)}$ festgelegt, die sich zum Beispiel aus dem lokalen Verlauf der Zielfunktion ergeben kann. Danach wird die Schrittweite α_k so berechnet, dass ein möglichst großer Abstieg erreicht wird.

- Trust-Region-Verfahren: Die Zielfunktion wird in einem lokalen Bereich (Vertrauensbereich) durch eine Funktion hinreichend gut approximiert. Diese Funktion erlaubt dann die Berechnung der Abstiegsrichtung $\Delta\mathbf{x}^{(k)}$ und man berechnet $\mathbf{x}^{(k+1)} = \mathbf{x}^{(k)} + \Delta\mathbf{x}^{(k)}$.

3.5.2 Liniensuche als Optimierungsverfahren

Bei Optimierungsproblemen wird auf einer Geraden immer wieder eine optimale Schrittweite α_k bestimmt, so dass von einem Ausgangspunkt $\mathbf{x}^{(k)}$ mit Hilfe einer Bewegungs- oder Suchrichtung $\Delta\mathbf{x}^{(k)}$ ein neuer Iterationspunkt $\mathbf{x}^{(k+1)}$ gefunden wird. Diese Optimierverfahren nennen sich Liniensuchverfahren
[NW99]. Die meisten Liniensuchverfahren nutzen für die Suchrichtung

die Eigenschaft $(\Delta \mathbf{x}^{(k)})^T \nabla f(\mathbf{x}^{(k)}) < 0$ (Anstieg der Zielfunktion soll negativ sein) aus. Damit ist sichergestellt, dass die Zielfunktion f in diese Richtung ihren Wert verringert. Häufig hat die Suchrichtung die Gestalt von [NW99]:

$$\Delta \mathbf{x}^{(k)} = -\mathbf{A}_k^{-1} \nabla f(\mathbf{x}^{(k)}). \quad (3.26)$$

Die Matrix $\mathbf{A}_k^{-1}$ ist dabei symmetrisch und nicht singulär. Bei dem Optimierungsverfahren des steilsten Abstieges ist $\mathbf{A}_k = \mathbf{I}$, wobei $\mathbf{I}$ die Einheitsmatrix darstellt. Im Folgenden soll auf das Verfahren der Koordinatensuche und die Methode des steilsten Abstieges, die ebenfalls zu den Liniensuchverfahren zählen, eingegangen werden, welche in dieser Arbeit zur Dimensionierung von Kompensationsnetzwerken dienen.

Koordinatensuche

Ein sehr häufig in der Praxis eingesetztes Verfahren ist das Optimierungsverfahren der Koordinatensuche [NW99, GK99]. Dabei dienen die einzelnen n Koordinaten $\mathbf{e}_1, \mathbf{e}_2, ..., \mathbf{e}_n$ als Suchrichtungen, die zyklisch durchlaufen werden. Im ersten Schritt werden alle Variablen, außer die in Richtung $\mathbf{e}_1$ zeigen, festgehalten. Nun wird durch Variation der ersten Variable x_1 versucht, ein Minimum der Zielfunktion in Richtung $\mathbf{e}_1$ zu finden. Im zweiten Schritt wird der gleiche Prozess wiederholt und die Variable x_2 wird variiert, bis ein neues Minimum in Richtung $\mathbf{e}_2$ der Zielfunktion erreicht wird. Nach n Iterationsschritten wird der Zyklus wiederholt, bis keine Verbesserung mehr gefunden wird. Die Schrittweiten können dabei konstant gehalten, sukzessive in gleiche Richtung vergrößert werden, oder es kann ein Verfahren angewendet werden, welches gleich eine optimale Schrittweite bestimmt:

$$\mathbf{x}^{(k+1)} = \mathbf{x}^{(k)} + \alpha_k \mathbf{e}_i \qquad i = 1, ..., n. \quad (3.27)$$

Das Verfahren der Liniensuche hat den Vorteil, dass es keine Berech-

KAPITEL 3. KOMPENSATION DURCH DIREKTE
EIGENWERTVERSCHIEBUNG

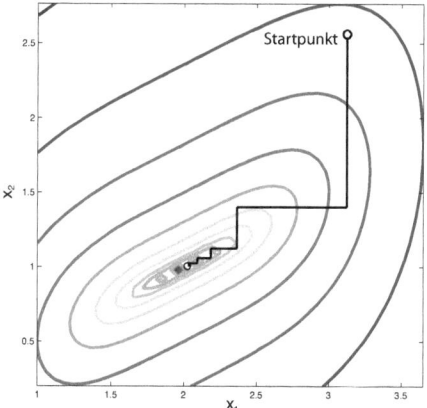

Abbildung 3.6: Koordinatensuche in zwei Suchrichtungen der Gleichung 3.23

nung des Gradienten der Zielfunktion $\nabla f(\mathbf{x})$ benötigt und somit ein ableitungsfreies Optimierungsverfahren darstellt. Das Suchverfahren konvergiert sehr langsam bzw. benötigt sehr viele Schritte, wenn die Kontur der Zielfunktion nicht in Suchrichtungen verläuft, siehe Abbildung 3.6.

Methode des steilsten Abstieges - Gradientenverfahren

Bei der Methode des steilsten Abstieges wird die Differenzierbarkeit der Zielfunktion $f(\mathbf{x})$ vorausgesetzt [Alt02, VS03]. Damit ergibt sich die Suchrichtung aus dem Gradienten der Zielfunktion $\nabla f(\mathbf{x})$ und der neue Funktionswert aus

$$\mathbf{x}^{(k+1)} = \mathbf{x}^{(k)} + \alpha_k \nabla f(\mathbf{x}^{(k)}). \qquad (3.28)$$

Dieses Verfahren benutzt die „beste" Suchrichtung und konvergiert schneller als die reine Koordinatensuche gegen das Minimum der Zielfunktion, auch wenn die Kontur in keiner Vorzugsrichtung zu den Koordinatenachsen liegt. Normiert man den Gradientenvektor so, dass er die Länge eins

KAPITEL 3. KOMPENSATION DURCH DIREKTE EIGENWERTVERSCHIEBUNG

besitzt, gelangt man zu dem eigentlichen Gradientenverfahren:

$$\mathbf{x}^{(k+1)} = \mathbf{x}^{(k)} + \alpha_k \frac{\nabla f(\mathbf{x}^{(k)})}{\| \nabla f(\mathbf{x}^{(k)}) \|_2}. \quad (3.29)$$

Allerdings erkennt man in Abbildung 3.7 das typische Verhalten des Gradientenverfahrens - es oszilliert, was sich nachteilig im Konvergenzverhalten gegenüber anderen Optimierverfahren auswirkt. Ein besseres Verfahren,

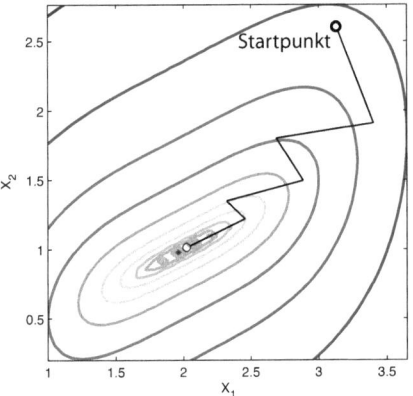

Abbildung 3.7: Gradientenverfahren

um diese Oszillationen zu vermeiden, wäre die Methode der konjugierten Richtungen oder Gradienten. Hier werden die Vorteile des Gradientenverfahrens mit einem Newtonverfahren (enthält Information zweiter Ordnung) kombiniert. In dieser Arbeit soll allerdings auf dieses Verfahren nicht weiter eingegangen werden [NW99, HTVF07].

3.5.3 Schrittweitenverfahren

Als Schrittweitenverfahren soll hier das *Minimizing-Step-Verfahren* betrachtet werden, da dies eines der häufigsten angewendeten Schrittweitenverfahren ist [VS03].

KAPITEL 3. KOMPENSATION DURCH DIREKTE EIGENWERTVERSCHIEBUNG

Das Prinzip dieses Verfahrens ist, eine Zielfunktion durch eine quadratische Funktion $q(x) = y = Cx^2 + Bx + A$ möglichst gut zu approximieren. Nun werden aus der Zielfunktion $Z(x)$ drei Punkte in der Reihenfolge x_0, x_1, x_2 entnommen und $y_0 = Z(x_0), y_1 = Z(x_1), y_2 = Z(x_2)$ ermittelt, um damit die Koeffizienten der quadratischen Funktion $q(x)$ zu bestimmen, siehe Abbildung 3.8.

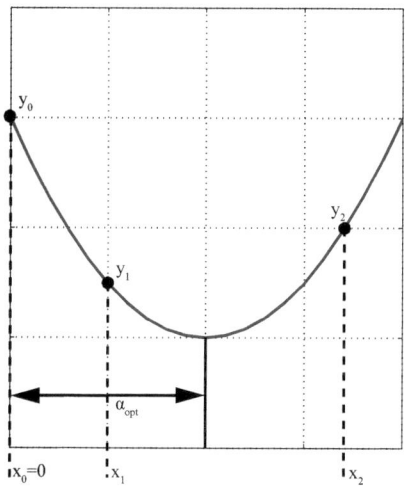

Abbildung 3.8: Quadratische Funktion $q(x)$ zur Approximation der Zielfunktion

Bei der Wahl der Punkte $x_{0..2}$ ist zu beachten, dass die Bedingung

$$Z(x_1) < Z(x_0), Z(x_2) \qquad (3.30)$$

erfüllt wird, da sonst die quadratische Funktion den wahren Verlauf der Zielfunktion $Z(x)$ nicht wiedergibt [Alt02]. Nun wird davon ausgegangen, dass das Minimum der quadratischen Funktion $q(x)$ sehr nahe am Minimum der Zielfunktion $Z(x)$ liegt. Deshalb kann mit Hilfe der Funktion $q(x)$ eine optimale Schrittweite bestimmt werden, mit der es möglich ist, mit nur einem Schritt sehr nahe an das Minimum der Zielfunktion $Z(x)$ heranzukommen. Eine algorithmische Umsetzung des Schrittweitenverfahrens ist in [Sch09] zu finden.

3.5.4 Nebenbedingungen und Strafterme

Die Parameter **x** unterliegen oft physikalischen Gegebenheiten und Randbedingungen, so dass sie z.B. nur bestimmte diskrete Werte oder Werte in bestimmten Intervallen annehmen können. Das bedeutet, die Parameter x_i unterliegen *Restriktionen*. Um diese Restriktionen in die Zielfunktionen einzuarbeiten, werden sogenannte *Penaltyfunktionen oder Strafterme* benutzt [GK02]. Dabei wird der ursprünglichen Zielfunktion ein Strafterm hinzugefügt, der die Restriktionen R_j enthält [Alt02, NW99]:

$$Z(\mathbf{p}, \lambda) = Z(\mathbf{p}) + \lambda \sum_j \left(\max\{R_j, 0\} \right)^2 \qquad (3.31)$$

mit

$$\max\{R_j, 0\} = \begin{cases} R_j & \text{für } R_j \geq 0 \\ 0 & \text{für } R_j < 0 \end{cases}. \qquad (3.32)$$

Dadurch erhält man eine Funktion, deren Minimum z.B. mit einem Gradientensuchverfahren berechnet werden kann. Das Problem wird damit auf ein einfaches Optimierverfahren reduziert. Im ersten Iterationsschritt ist der Wert von $\lambda = 0$, so dass mit dem Optimierverfahren das Minimum der ursprünglichen Zielfunktion gefunden werden kann. Im zweiten Iterationsschritt wird die Variable $\lambda > 0$ gesetzt. Die Vergrößerung der Variablen λ erfolgt in kleinen Schritten und nur so lange, bis alle Nebenbedingungen erfüllt sind.

3.5.5 Ableitungsfreie Verfahren

Das *Downhill-Simplex-Verfahren* nach Nelder und Mead ist ein Optimierungsverfahren, welches komplett ohne Ableitungen auskommt. Es ist ein sehr robustes und einfach anzuwendendes Verfahren, welches auch bei kleinen Unstetigkeiten der Zielfunktion konvergiert. Ein Simplex ist dabei das einfachste geometrische Objekt im n-dimensionalen Raum und wird durch $(n + 1)$ Punkte beschrieben. Damit ergibt sich z.B. im zweidimensionalen Raum ein Dreieck und im dreidimensionalen Raum ein Tetraeder. Von diesen $(n + 1)$ Punkten wird der „schlechteste" und der „beste" bezogen auf die Zielfunktion ausgewählt. Im folgenden Iterationsschritt wird nun der „schlechteste" Punkt durch einen „besseren" ersetzt und der „beste" Punkt wird beibehalten. Zu neuen Punkten gelangt man immer mit den Austauschoperationen *Reflexion, Expansion, Kontraktion und Schrumpfen*, siehe [Mey07]. Da dieses Verfahren nicht sehr effizient ist, sollte zuvor geprüft werden, ob nicht ein Optimierungsverfahren verwendet werden kann, in denen Ableitungen der Zielfunktionen genutzt werden können.

Ein weiteres Verfahren ist die *Monte-Carlo-Optimierung*. Bei diesem Verfahren werden Zufallsparametersätze und davon die Werte der Zielfunktion bestimmt. Nun werden im Bereich um den niedrigsten Wert des Minimums der Zielfunktion erneut Zufallsparameter bestimmt, von denen wieder die Werte der Zielfunktion bestimmt werden usw. Damit wird eine Konvergenz in Richtung Minimum der Zielfunktion erzwungen, die aber sehr ineffizient ist.

Eine weitere Methode der ableitungsfreien Optimierverfahren ist das sogenannte *Simulated Annealing*, ein der Natur nachempfundenes Optimierverfahren [HTVF07]. Der Vorteil dieses Verfahrens ist, dass es mit Hilfe einer Wahrscheinlichkeitsfunktion, die dem Abkühlschema eines Körpers gleicht, auch Verschlechterungen in einem gewissen Grad im Optimierprozess zulässt und somit lokale Minima überwunden werden können. Ein lokales Minimum ist der Wert der Funktion an einer Stelle x, in deren Umgebung die Funktion keinen kleineren Wert annimmt. Das globale Minimum dagegen ist das kleinste Minimum der kompletten Funktion überhaupt. Damit ist es möglich, das globale Minimum einer Zielfunktion zu finden. Ein

KAPITEL 3. KOMPENSATION DURCH DIREKTE
EIGENWERTVERSCHIEBUNG

Problem bei diesem Verfahren ist, dass die Berechnungszeit zum Auffinden des Minimums sehr stark von dem sogenannten „Abkühlschema" abhängt und dieses Abkühlschema häufig aus einer heuristischen, selbst zu wählenden Zahlenfolge abgeleitet wird [Mey07].
Manchmal ist es notwendig eine Optimierung durchzuführen, bei denen nur diskrete Werte als Argumente auftreten können. Die Fragestellungen, die dabei auftreten, können mit Hilfe der diskreten Optimierung gelöst werden. Ein Vertreter ist der *Branch-and-Bound-Algorithmus* [Mey07]. Dies ist ein Entscheidungsbaumverfahren, durch welches ein diskretes Optimum gefunden werden kann. Der Nachteil ist, dass die Unteroptimierprobleme vom Entscheidungsbaum gespeichert werden müssen und somit ein großer Speicherbedarf besteht. Bei Optimieraufgaben mit einer großen Anzahl von Variablen besteht zusätzlich das Problem des hohen Rechenaufwandes [Dak65].

3.6 Synthese von Kompensationsnetzwerken mittels Koordinatensuchverfahren

Durch Kombination der Eigenwertempfindlichkeit mit einem Optimierverfahren ist es möglich, einen Algorithmus zur automatisierten Kompensation und damit zur Stabilitätssicherung für Verstärkerschaltungen zu entwickeln.

3.6.1 Zielfunktion

Bevor ein Optimieralgorithmus gestartet werden kann, muss eine Zielfunktion zur Lage der Polstellen gefunden und festgelegt werden. Dazu wird das Stabilitätskriterium aus Unterabschnitt 2.4.3 genutzt. Die Polstellen, die dominante Effekte im Frequenzgang wie z.B. Resonanzüberhöhungen erzeugen, sollen mit Hilfe des Optimierverfahrens auf die 45°-Achse verschoben werden. Damit wird der Frequenzgang maximal flach und erhält die größtmögliche Bandbreite [FPEN94]. Das bedeutet, dass die 45°-Achse der Zielfunktion ein Minimum darstellen muss. Dies wird z.B. mit der Funktion

$$f(s_i) = \|\text{Re}\{s_i\}\| - \|\text{Im}\{s_i\}\| \quad \text{mit} \quad s_i = s_i(\mathbf{C}) \quad (3.33)$$

u.d.N
$$\text{Re}\{s_i\} < 0 \quad (3.34)$$

$$0 \leq \mathbf{C} \leq \mathbf{C}_{max} \quad (3.35)$$

erreicht. Weiterhin werden Nebenbedingungen eingeführt, die die Stabilitätsgrenze und einen maximalen Bauelementewert für die eingefügten Kapazitäten festlegen. Dies ist vor allem im integrierten Schaltungsentwurf sehr wichtig, da durch einen maximalen Bauelementewert indirekt die Chipfläche begrenzt wird.

3.6.2 Algorithmus zur Kompensation

Nachdem die Zielfunktion festgelegt wurde, kann der Algorithmus aus Abbildung 3.9 abgearbeitet werden. Dazu werden im ersten Schritt des Verfahrens in die zu kompensierende Schaltung zwischen allen möglichen real konnektierbaren Knoten Kapazitäten eingebaut.

Danach werden die Eigenwerte der Schaltung bestimmt, wobei die eingefügten Kapazitäten den Wert Null besitzen, was dem Initialzustand entspricht. Aus dem Spektrum der Eigenwerte wird derjenige Eigenwert ausgewählt, der für Instabilitäten veranwortlich ist (Lage über der 45°-Achse). Das kann zum Beispiel ein Eigenwert sein, dessen Betrag des Imaginärteils größer als der Betrag seines Realteils ist. Falls dieses Kriterium für mehrere Eigenwerte zutrifft, wird zuerst ein Eigenwert s_i mit dem größten Verhältnis $V = \frac{\|\text{Im}\{s_i\}\|}{\|\text{Re}\{s_i\}\|}$ ausgewählt. Aber auch Polstellen, die im positiven Bereich der komplexen Ebene liegen, können ausgewählt werden.

Danach wird die Eigenwertempfindlichkeit von s_i bestimmt, um die Kapazitäten zu finden, die einen positiven Einfluss auf das Schaltungsverhalten

KAPITEL 3. KOMPENSATION DURCH DIREKTE EIGENWERTVERSCHIEBUNG

im derzeitigen Konfigurationszustand der Schaltung besitzen. Die Kapazitäten werden dann nach Größe ihrer Empfindlichkeit sortiert, so dass die Kapazität mit dem größten Einfluss in einer Rankingliste als erstes Element auftaucht. Im nächsten Schritt wird der Optimierungsalgorithmus für

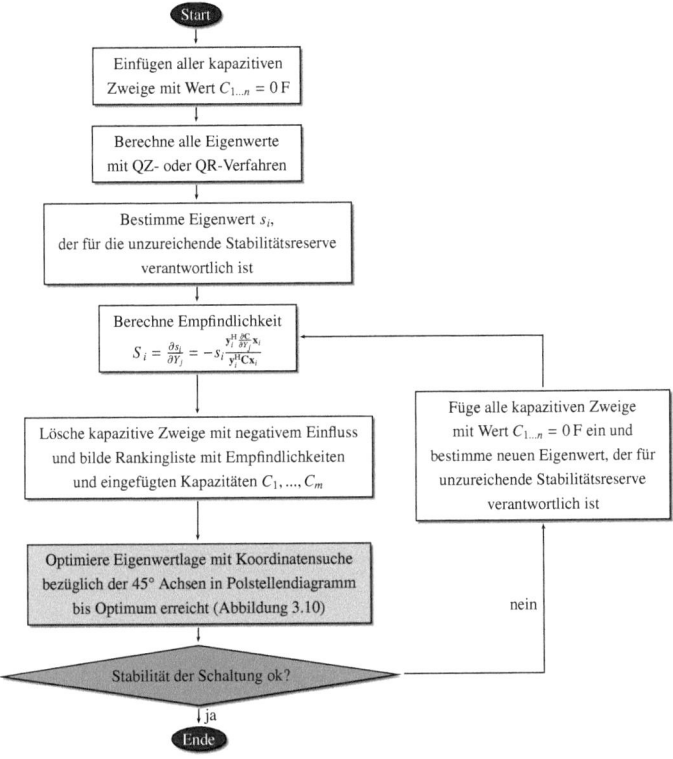

Abbildung 3.9: Automatische Topologiemodifikation mit Koordinatensuchverfahren

die Liniensuche angewendet. Dabei wird die Zielfunktion aus Unterabschnitt 3.6.1 genutzt, um die Polstellen auf die 45°-Achse zu verschieben. Beim angewendeten Liniensuchverfahren stellen die Kapazitäten der Rankingliste die Koordinaten dar. Es wird nun eine Kapazität nach der anderen dimensioniert, bis die Zielfunktion der ausgewählten Polstelle einen Minimalwert annimmt. Durch die Wahl der Zielfunktion ist sichergestellt, dass die Eigenwerte keine positiven Realteile annehmen, da in diesem Fall die Schaltung instabil wird.

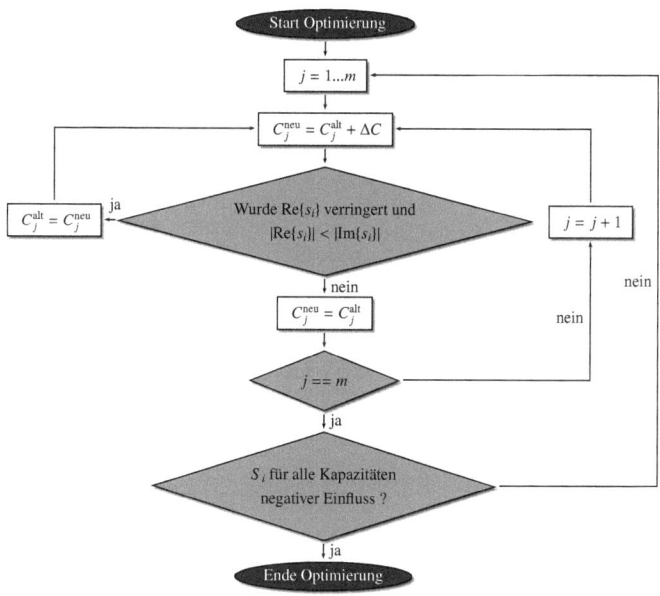

Abbildung 3.10: Optimierungsschritt mit fester Schrittweite ΔC

Das grau hinterlegte Feld in Abbildung 3.9 bildet den eigentlichen Ablauf der Dimensionierung der eingefügten Kapazitäten. Das Optimierverfahren selbst welches zum Einsatz kommt, ist in Abbildung 3.10 dargestellt. Die Dimensionierung der Kapazitätswerte erfolgt hier in festgelegter Schrittweite, was prinzipiell dem Verfahren der diskreten Optimierung entspricht, so dass eine optimale Schrittweitenbestimmung nicht notwendig ist.

3.6.3 Fallbeispiel: Folded-Cascode-Spannungsverstärker

Das Kompensationsverfahren mit Hilfe der Koordinatensuche soll anhand des Beispiels eines Folded-Cascode-Breitbandverstärkers dargestellt werden [Saf10]. Anwendung findet dieser Verstärker als Spannungsverstärker in optoelektronischen Schaltkreisen als Ausgangstreiber. Abbildung 3.11 zeigt die Testumgebung des Verstärkers.

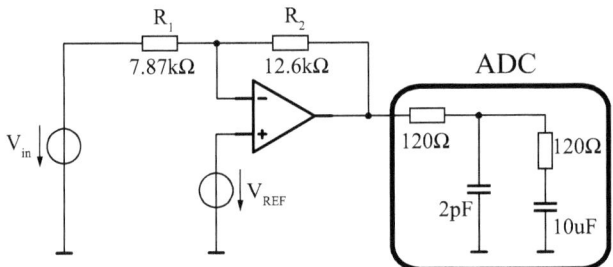

Abbildung 3.11: Testumgebung des Folded-Cascode-OPV

Der OPV mit Außenbeschaltung stellt einen invertierenden Verstärker dar. Dieser soll eine Verstärkung von

$$A_v = -\frac{R_2}{R_1} = -\frac{12.6\,\text{k}\Omega}{7.81\,\text{k}\Omega} \approx -1.6 \qquad (3.36)$$

liefern. Als Last wurden die parasitäre Kapazität des Bondpads und der Eingangswiderstand eines nachfolgenden Analog-Digital-Wandlers modelliert(ESD-Schutz nicht eingezeichnet). Die Referenzspannung soll $V_{REF} = 2.1$ V betragen. In Tabelle 3.1 sind die Spezifikationen dargestellt, die der invertierende Verstärker erreichen soll.

KAPITEL 3. KOMPENSATION DURCH DIREKTE
EIGENWERTVERSCHIEBUNG

Parameter	Spezifikation
3 dB-Bandbreite	$\geq 350\,\text{MHz}$
Resonanzüberhöhung im Frequenzgang	$\leq 1\,\text{dB}$
Gruppenlaufzeit	$\leq 1.5\,\text{ns}$
Slew Rate steigend	$\geq 400\,\frac{\text{V}}{\mu\text{s}}$
Slew Rate fallend	$\leq -400\,\frac{\text{V}}{\mu\text{s}}$

Tabelle 3.1: Spezifikation des invertierenden Verstärkers

Interne Schaltung

In Abbildung 3.12 ist die Schaltung des kompletten internen Verstärkers dargestellt. Im linken Teil befinden sich einige vom Bias-Strom gespeiste Stromspiegel zur Versorgung der Stromquellen in der Schaltung. Die Eingangsstufe besteht aus einer Differenzstufe, wobei zur Verringerung des Eingangsstromes ein Emitterfolger $Q18$ und $Q19$ genutzt (Darlington-Prinzip), damit verringert sich zusätzlich der DC-Offsetfehler über das Rückkoppelnetzwerk.

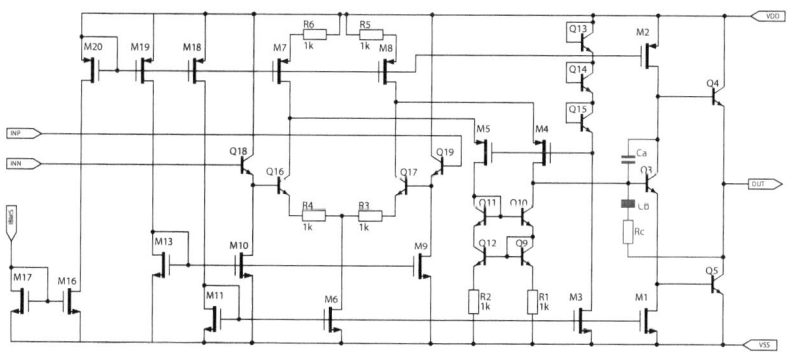

Abbildung 3.12: Folded-Cascode-OPV

Zur Verbesserung der Linearität wurde eine Stromgegenkopplung in Form

KAPITEL 3. KOMPENSATION DURCH DIREKTE EIGENWERTVERSCHIEBUNG

der beiden Widerstände $R3$ und $R4$ vorgesehen. Die Differenzstufe arbeitet auf eine Stromquellenlast, welche zur Vergrößerung des Ausgangswiderstands die beiden Widerstände $R5$ und $R6$ (Kaskode-Prinzip) hat. Um eine möglichst hohe Aussteuerbarkeit über den gesamten Versorgungsspannungsbereich zu ermöglichen, wurde eine „gefaltete Kaskode" verwendet. Sie arbeitet auf einem modifizierten Wilson-Stromspiegel ($Q9$, $Q10$, $Q11$, $Q12$), wobei die Widerstände $R1$ und $R2$ den Ausgangswiderstand gegenüber einer Kaskode noch einmal vergrößern und sie das Spiegelverhältnis unabhängig von den Bauelementeparametern der Transistoren machen.

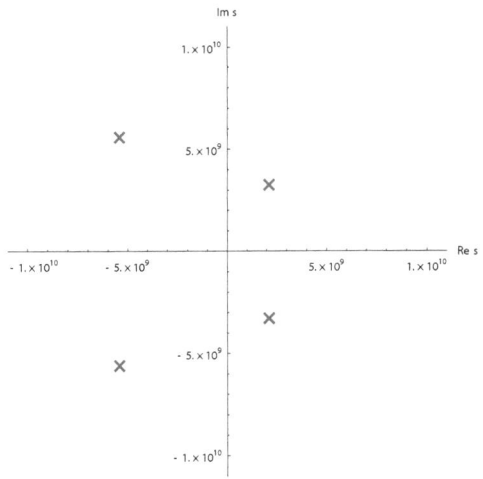

Abbildung 3.13: Dominante Eigenwerte des Folded-Cascode-OPV

Als Ausgangsstufe wurde eine Gegentaktanordnung verwendet, um beim Ausgangssignal auch bei großen kapazitiven Belastungen symmetrische Flanken zu erhalten. Weil der Verstärker möglichst breitbandig arbeiten soll, wurden im gesamten Verstärker ausschließlich schnelle npn-Bipolartransistoren verwendet. Aus diesem Grund wurde eine Quasi-Komplementärendstufe ($Q3$, $Q4$, $Q5$) eingesetzt. Die Kapazitäten Ca und Cb zusammen mit Rc stellen die Kompensation der Originalschaltung dar. Diese werden aber vor der automatischen Kompensation entfernt, damit das Verfahren die volle Freiheit hat, neue Kompensationskapazitäten zu finden. Nach einer Simulation zeigte sich, dass der Verstärker instabil ist. Einige dominante Eigenwerte der Schaltung liegen in der rechten Halbebene, wie dies Abbildung 3.13 illustriert. Deshalb wurde der vom Verfahren betrachtete Eigenwert auf das für die Instabilitäten verantwortliche Polpaar festgelegt, um es durch das Auffinden geeigneter Kapazitäten in die negative Halbebene zu verschieben. Nach dem ersten Durchlauf des Algorithmus wurden die drei in Abbildung 3.14 dargestellten Kapazitäten $C1$, $C2$ und $C3$ gefunden, welche eine Verschiebung in die gewünschte Richtung bewirken.

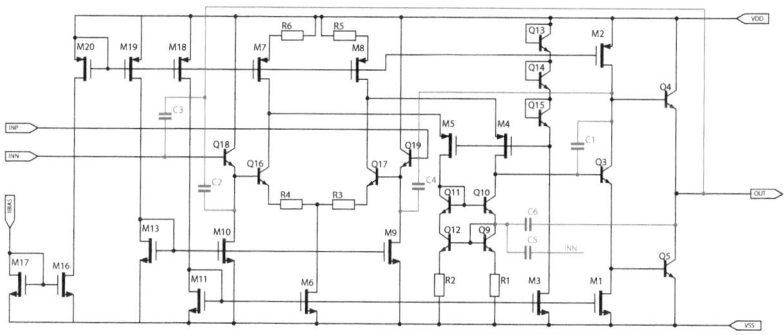

Abbildung 3.14: Folded-Cascode-OPV kompensiert

Das resultierende PN-Diagramm ist in Abbildung 3.15 dargestellt. Zu erkennen ist, dass die Schaltung jetzt zwar stabil ist, aber das dominante komplexe Polpaar einen großen Winkel zur reellen Achse hat. Dies spiegelt sich im Frequenzgang durch einen Peak von 14.8 dB wider, so dass das System zu Oszillationen im Zeitbereich neigt.

KAPITEL 3. KOMPENSATION DURCH DIREKTE EIGENWERTVERSCHIEBUNG

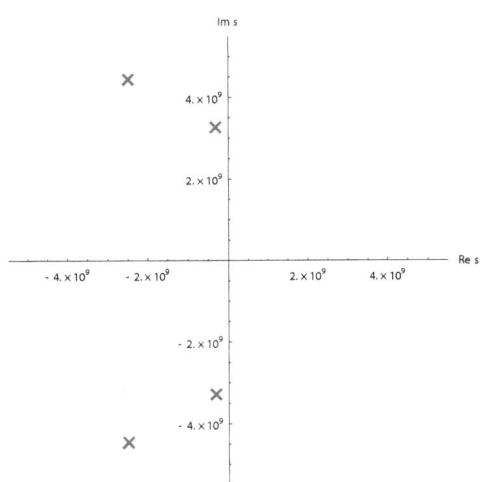

Abbildung 3.15: Dominante Eigenwerte des Folded-Cascode-OPV mit $C1, C2, C3$

Aus diesem Grund wurde das Optimierungsverfahren aus Abbildung 3.3 mehrfach durchlaufen, mit dem Ziel, den Realteil des dominanten Polpaares weiter zu senken. Nach drei Durchläufen wurden keine neuen Kapazitäten mehr gefunden, die eine Verbesserung der Polstellenlage bewirken. Dies liegt im Optimierverfahren selbst begründet, da die Koordinatensuche ein lokales Optimierverfahren ist und so das gefundene, nicht zwangsläufig globale Minimum nicht mehr verlassen werden kann. Insgesamt wurden auf diese Weise, wie in Abbildung 3.14 dargestellt, sechs Kapazitäten in die Schaltung eingefügt.

Im resultierenden PN-Diagramm in Abbildung 3.16(a) ist zu erkennen, dass das dominante Schaltungsverhalten nun von zwei relativ nahe zusammenliegenden komplexen Polpaaren bestimmt wird. Die Polpaare haben sich bei einem Winkel leicht oberhalb der 45°-Achsen angeordnet. Daraus erklärt sich auch die relativ geringe Resonanzüberhöhung von 0.76 dB im Frequenzgang (Abbildung 3.16(b)).

KAPITEL 3. KOMPENSATION DURCH DIREKTE
EIGENWERTVERSCHIEBUNG

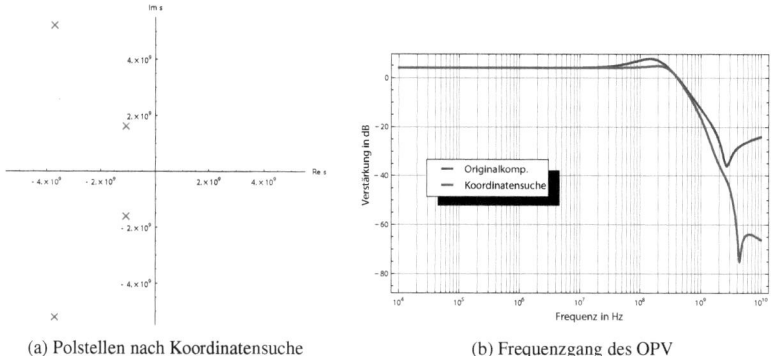

(a) Polstellen nach Koordinatensuche (b) Frequenzgang des OPV

Abbildung 3.16: Simulationsergebnisse des Verstärkers mit allen eingefügten Kapazitäten

Die durch den Algorithmus berechneten Kapazitätswerte sind in Tabelle 3.2 dargestellt.

Kapazität	Wert
C1	45 fF
C2	35 fF
C3	45 fF
C4	10 fF
C5	45 fF
C6	80 fF

Tabelle 3.2: Werte der berechneten Kapazitäten

Aus dem Frequenzgang ist weiterhin zu erkennen, dass die -3 dB-Grenzfrequenz (alt: 373.1 MHz, neu: 383.8 MHz) gegenüber der original kompensierten Schaltung aus Abbildung 3.12 zwar nur leicht gestiegen ist, aber das Stabilitätsverhalten sich enorm verbessert hat. Die Abbildung 3.17 zeigt das transiente Verhalten des Verstärkers bei Anregung durch ein Rechteck-

KAPITEL 3. KOMPENSATION DURCH DIREKTE EIGENWERTVERSCHIEBUNG

signal. Auch hier ist zu erkennen, dass sich die starke Resonanzüberhöhung beim Einschwingvorgang deutlich verringert hat.

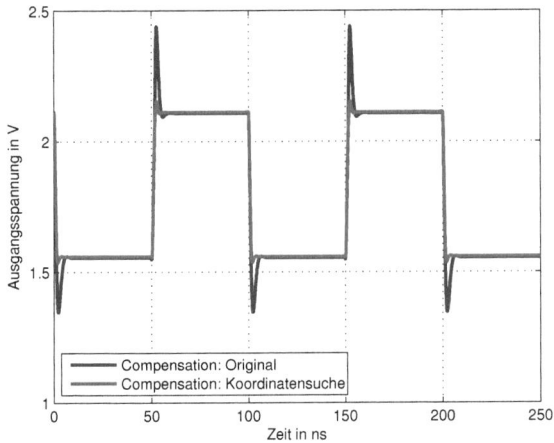

Abbildung 3.17: Transientsimulation des Folded-Caskode-Verstärkers

Damit wurde gezeigt, dass das Optimierungsverfahren der Koordinatensuche erfolgreich einen schon optimierten Verstärker noch einmal bezüglich des Frequenzganges und des Einschwingverhaltens verbessern konnte. Es wurde dabei lediglich die dominante Polstelle, die für die Resonanzüberhöhung im Frequenzgang verantwortlich ist, ausgewählt. Das Optimierverfahren dimensioniert alle Kompensationskapazitäten und deren Werte in drei Durchläufen. Die Schaltung erreichte nach dem automatischen Kompensationsverfahren mittels Koordinantensuche die in Tabelle 3.3 dargestellten Spezifikationswerte.

Parameter	Original	Koordinatensuche
3 dB-Grenzfrequenz	373.1 MHz	383.8 MHz
Peaking im Frequenzgang	3.6 dB	0.7 dB
Gruppenlaufzeit	1.4 ns	1.1 ns
Slew Rate (steigend)	$361\,\frac{V}{\mu s}$	$487\,\frac{V}{\mu s}$
Slew Rate (fallend)	$-746\,\frac{V}{\mu s}$	$-1.7\,\frac{kV}{\mu s}$

Tabelle 3.3: Werte der berechneten Kapazitäten

Auffallend sind hier die unterschiedlichen Anstiegsgeschwindigkeiten (Slew Rate). Dies liegt an der unterschiedlichen kapazitiven Belastung der einzelnen Signalpfade der Quasi-Komplementär-Enstufe. $C1$ und $C4$ belasten den Kollektor von $Q3$ (1. Signalpfad), wobei der Emitter von $Q3$ (2. Signalpfad) fast unbelastet ist. Hier muss, falls erforderlich, eine Symmetrierung der Anstiegsflanken nachoptimiert werden.

3.7 Synthese von Kompensationsnetzwerken mittels Gradientenverfahren

3.7.1 Zielfunktion

Das Problem des vorherigen Verfahrens liegt darin, dass nur auf jeweils einer Eigenwertlage optimiert werden kann. Dadurch ist es möglich, dass Eigenwerte, die nicht im Fokus der Optimierung liegen, plötzlich dominanten Charakter erlangen und Instabilitäten verursachen können, dargestellt in Abbildung 3.18. Dieses Problem liegt in der Wahl der Zielfunktion für die Optimierung. Es wurde bisher eine Zielfunktion verwendet, die nur für einen ausgewählten Eigenwert s_i ein Optimum bietet (siehe Unterabschnitt 3.6.1). Dennoch lieferte das Optimierverfahren mit dieser Zielfunktion sehr gute Ergebnisse, wie dies in Kapitel 4 wird.

KAPITEL 3. KOMPENSATION DURCH DIREKTE EIGENWERTVERSCHIEBUNG

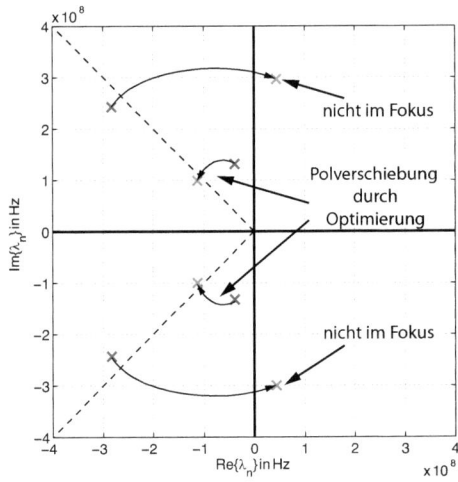

Abbildung 3.18: Problematik Poldominanz

Sollen jedoch alle Eigenwerte in die Optimierung einbezogen werden, was für ein echtes Frequenzgangskriterium notwendig ist, so muss eine andere Zielfunktion gefunden werden, da mit Gleichung 3.35 eine beliebige Verteilung der Eigenwerte auf den 45°-Achsen in der linken Halbebene erfolgt, da die Polstellen auf den Achsen gleich gewichtet werden. D.h. es können unter Umständen Eigenwerte sehr nahe des Ursprungs auftreten, was aber gleichbedeutend mit einer sehr geringen Grenzfrequenz ist.

Dies kann vermieden werden, wenn die Einzelzielfunktion $f(s_i)$ in Richtung negativer Realteile von s_i ein Gefälle bekommt (Abbildung 3.19a):

$$f(s_i) = \left|\left(|\text{Re}\{s_i\}| - |\text{Im}\{s_i\}|\right)\right| - |2\text{Re}\{s_i\}|. \qquad (3.37)$$

Nachteil der in Abbildung 3.19a dargestellten Funktion ist, dass während des Optimierungsprozesses Eigenwerte in die rechte Halbebene wandern können und dort auch optimiert werden. Das bedeutet, dass die Schaltung letztendlich instabil wird. Daher besteht die Forderung, die rechte Halb-

KAPITEL 3. KOMPENSATION DURCH DIREKTE
EIGENWERTVERSCHIEBUNG

ebene anzuheben, wie dies in Abbildung 3.19b dargestellt ist:

$$f(s_i) = \left|\left(|\text{Re}\{s_i\}| - |\text{Im}\{s_i\}|\right)\right| + 2\text{Re}\{s_i\}. \tag{3.38}$$

Im Hinblick darauf, dass jetzt als Optimierverfahren ein Gradientenverfahren angewendet wird, sollte die Ableitung der Zielfunktion $f(s_i)$ differenzierbar sein. Durch die Betragsbildung in Gleichung 3.37 ist die Funktion nicht überall stetig, was zu Problemen mit dem Gradientenverfahren führt.

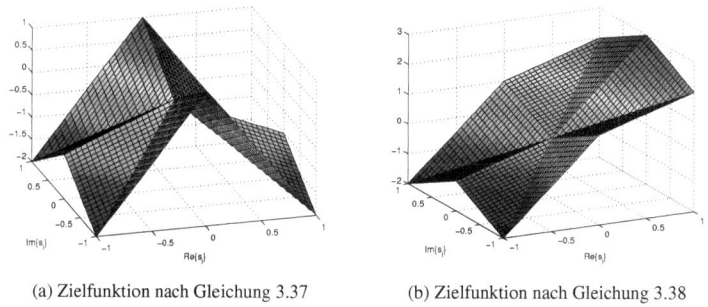

(a) Zielfunktion nach Gleichung 3.37   (b) Zielfunktion nach Gleichung 3.38

Abbildung 3.19: Verschiedene Zielfunktionen

Es ist besser, eine Zielfunktion zu nutzen, bei der die Minima auf den 45°-Achsen liegen, die in Richtung positiver Realteile ansteigt und überall stetig ist. Dies erfüllt die Funktion aus [Sch09]:

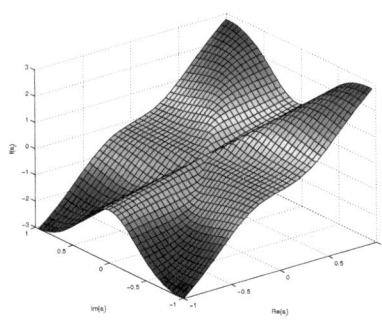

Abbildung 3.20: Zielfunktion nach Gleichung 3.39

Die analytische Beschreibung der in Abbildung 3.20 dargestellten Funktion ist:

$$f(s_i) = \text{Re}\{s_i\}(\delta - \cos(4\varphi_{s_i})) \quad \text{mit} \quad \varphi_{s_i} = \arctan\left(\frac{\text{Im}\{s_i\}}{\text{Re}\{s_i\}}\right), \quad (3.39)$$

wobei die gleichen Nebenbedingungen gelten sollen wie bei Gleichung 3.35. Mit dem Parameter δ lässt sich die Steigung der Zielfunktion einstellen, d.h. je größer er gewählt wird, umso steiler ist die Funktion $f(s_i)$ und umso schneller laufen die Eigenwerte in ein Minimum. In den Optimierschritten wird versucht, den Eigenwert so zu verschieben, dass ein Minimum auf der Zielfunktion $f(s_i)$, d.h. in den Tälern, eingenommen wird. Es ist somit möglich, dass alle Polstellen auf oder in der Nähe der 45°-Achsen im Polstellendiagramm platziert werden. Um aber dem Problem der nicht im Fokus liegenden Polstellen aus dem Weg zu gehen, müssen alle Eigenwerte in die Optimierung einbezogen werden.

3.7.2 Eigenwertverschiebung durch ein Gradientenverfahren

Da das Koordinatensuchverfahren, wie schon erwähnt, eine geringe Konvergenzgeschwindigkeit aufweist, ist es besser ein Optimierverfahren zu verwenden, welches die Ableitungen der Zielfunktion nutzt, um die (Such-)Richtung eines lokalen Minimums besser und schneller bestimmen zu können [VS03]. Somit ist es möglich, alle Parameter, d.h. Kapazitäten, gleichzeitig zu dimensionieren und nicht, wie dies beim Koordinatensuchverfahren der Fall ist, eine sequentielle Berechnung jedes einzelnen eingefügten Parameters. Daher bietet sich ein Gradientenverfahren an [Alt02, NW99]. Die Funktion aus Gleichung 3.39 dient dazu als Zielfunktion, da sie differenzierbar und so für das Gradientenverfahren nutzbar ist. Der Gradient der Zielfunktion ist demnach [NW99]:

$$\nabla_{\mathbf{p}} f(s) = \nabla_{\mathbf{p}} f(s(\mathbf{p})) = \left.\frac{df(s)}{ds}\right|_{s=s_i} \cdot \nabla_{\mathbf{p}} s_i(\mathbf{p}). \qquad (3.40)$$

Der Parametervektor $\mathbf{p}$ entspricht den eingefügten Kapazitäten in der Schaltung und s_i den zugehörigen Polstellen, die von diesem Parametervektor abhängig sind. Der Term $\nabla_{\mathbf{p}} s_i(\mathbf{p})$ entspricht aber genau dem Eigenwertempfindlichkeitsvektor $\mathbf{S}_i(\mathbf{p})$, was somit die Berechnung des Gradienten vereinfacht. Der Gradient der Zielfunktion $f(s)$ lautet demnach

$$\nabla_{\mathbf{p}} f(s(\mathbf{p})) = \frac{4 \cdot \mathrm{Re}\{s_i\} \sin(4\varphi_{s_i})}{\mathrm{Re}^2\{s_i\} + \mathrm{Im}^2\{s_i\}} (\mathrm{Re}\{s_i\} \cdot \mathrm{Im}\{\mathbf{S}_i\} - \mathrm{Im}\{s_i\} \cdot \mathrm{Re}\{\mathbf{S}_i\}) + \cdots$$

$$\cdots + \mathrm{Re}\{\mathbf{S}_i\} \cdot (\delta - \cos(4\varphi_s)). \qquad (3.41)$$

Der neue Parametervektor $\mathbf{p}^{(k+1)}$ wird nun mit dem Gradientenverfahren bestimmt, wie dies in Abschnitt 3.5.2 beschrieben wurde [NW99]:

$$\mathbf{p}^{(k+1)} = \mathbf{p}^{(k)} + \alpha_k \frac{\nabla_{\mathbf{p}} f(s_i(\mathbf{p}^{(k)}))}{\| \nabla_{\mathbf{p}} f(s_i(\mathbf{p}^{(k)})) \|} \qquad (3.42)$$

Die Schrittweite α_k wird mit Hilfe des *Minimizing-Step-Verfahrens* aus Unterabschnitt 3.5.3 ermittelt. Diese Variante muss jedoch in Anbetracht der Problemstellung erweitert werden. Bei der Bestimmung der optimalen Schrittweite werden laut Gleichung 3.30 drei Punkte $f_1(\mathbf{p})$, $f_2(\mathbf{p})$, und $f_3(\mathbf{p})$ aus der Zielfunktion benötigt, die folgende Bedingung erfüllen müssen [VS03]:

$$f_2(\mathbf{p}) < f_1(\mathbf{p}), f_3(\mathbf{p}). \qquad (3.43)$$

KAPITEL 3. KOMPENSATION DURCH DIREKTE EIGENWERTVERSCHIEBUNG

Damit ist die Wahl der Funktionswerte $f_1(\mathbf{p})$, $f_2(\mathbf{p})$, und $f_3(\mathbf{p})$ sehr einfach und effizient und ein Minimum kann häufig im ersten Schritt des Optimierverfahrens erreicht werden.

Durch Optimierung nur einer Eigenwertlage bezüglich eines ausgewählten Eigenwertes kann es vorkommen, dass die durch das *Minimizing-Step-Verfahren* bestimmte Schrittweite α_k sehr groß ist, wenn das Minimum der Zielfunktion $f(s_i)$ sehr weit vom Ausgangspunkt entfernt liegt. Während des Optimierungsprozesses kann es nun passieren, dass zwar ein Eigenwert in das Minimum der Zielfunktion läuft, aber möglicherweise nicht mehr mit dem zuvor ausgewählten Eigenwert korreliert. Um zu erkennen, ob der verschobene Eigenwert auch aus dem ausgewählten Eigenwert hervorging, wird hier das *Modal Assurance Criterion* (MAC) auf die Rechtseigenvektoren $\mathbf{x}$ angewendet. Dazu wird das Skalarprodukt von zwei normierten Eigenvektoren bestimmt [Hen00, AB82]

$$\text{MAC}(\mathbf{x}_1, \mathbf{x}_2) = \frac{|\mathbf{x}_1^H \mathbf{x}_2|^2}{(\mathbf{x}_1^H \mathbf{x}_1)(\mathbf{x}_2^H \mathbf{x}_2)}, \qquad (3.44)$$

wobei $\mathbf{x}_1$ den Rechtseigenvektor darstellt, der zum ursprünglich ausgewählten nichtoptimierten Eigenwert gehört. $\mathbf{x}_2$ ist der Eigenvektor, der zum verschobenen / optimierten Eigenwert gehört. Ein MAC > 0.8 [AB82] bedeutet, dass der verschobene Eigenwert mit dem Starteigenwert korreliert. Kann ein Eigenwert durch das MAC nicht eindeutig zugeordnet werden, so wird beim Minimizing-Step-Verfahren der Abstand der Funktionswerte $f_1(\mathbf{p})$, $f_2(\mathbf{p})$, und $f_3(\mathbf{p})$ zueinander verringert. Dadurch werden die Ergebnisse das MAC verbessert und eine Zuordnung der Eigenwerte ist wieder möglich.

Das Problem aus Abbildung 3.18, wie es beim Koordinatensuchverfahren auftritt, bleibt allerdings weiter bestehen: ein zuvor dominanter Eigenwert verliert nach der Optimierung seine Dominanz und ist somit für das Problem „Stabilität" nicht mehr relevant, wird aber trotzdem weiter optimiert. Mit diesem Verfahren der Optimierung werden zwar nicht-diskrete und möglicherweise nicht physikalisch realisierbare Admittanz- bzw. Kapazitätswerte erzeugt, jedoch werden diese nach Beendigung des Verfahrens auf realisierbare Werte gerundet.

3.7.3 Optimierung aller Eigenwertlagen

Berechnet man für alle n Eigenwerte die Einzelzielfunktionen $f_n = f(s_n)$, so erhält man n verschiedene Zielwerte $f_1, ..., f_n$. Es wird ein Parametervektor p_{opt} gesucht, der ein Optimum für alle Zielfunktionen f_n darstellt. Dieses Problem lässt sich mit Hilfe der *multikriteriellen Optimierung* lösen [Grä07, Wei09, Mey07]. Dazu wird eine Summe über alle Einzelziele gebildet, wobei die n Einzelziele unterschiedlich mit einem Wichtungsfaktor σ_n gewichtet werden [Mey07] (Prinzip der gewichteten Summe). Die Gesamtzielfunktion ergibt sich zu

$$Z_{ges}(\mathbf{p}) = \sum_{n=1}^{N} \sigma_n f(s_n(\mathbf{p})). \qquad (3.45)$$

Die Wahl des Wichtungsfaktors σ kann willkürlich an die Aufgabenstellung angepasst erfolgen. Wird der Wert z.B. von σ_1 groß, so wird das dazugehörige Kriterium f_1 sehr stark in seiner Bedeutung gegenüber den anderen Kriterien hervorgehoben. Das Optimum der Gesamtzielfunktion wird demzufolge zwischen den Optima aller Funktionen f_n liegen. Hat das Optimierverfahren ein Optimum gefunden, so dass bei Verbesserung einer Zielfunktion f_i alle anderen Einzelziele verschlechtert werden, so nennt man dieses Optimum *paretooptimal* [Alt02, Grä07]. Die Gewichtung σ wird für die Aufgabenstellung der Eigenwertoptimierung so gewählt, dass Eigenwerte, die sehr nah am Koordinatenursprung liegen, am höchsten gewichtet werden, wogegen Eigenwerte, die sehr weit entfernt liegen, eine niedrigere Wichtung erhalten und damit einen geringen Einfluss auf die Gesamtzielfunktion Z_{ges} haben. Diese Zusammenhänge können realisiert

KAPITEL 3. KOMPENSATION DURCH DIREKTE EIGENWERTVERSCHIEBUNG

werden, indem σ als eine Funktion der Eigenwerte s gewählt wird:

$$\sigma_i = \sigma(s_i). \tag{3.46}$$

Eine weitere Forderung an den Wichtungsfaktor ist, dass Eigenwerte, die den Wert unendlich annehmen, ausgeblendet werden. Da Unendlich ein sehr großer numerischer Wert ist, würde das Optimierverfahren bezüglich der anderen Eigenwerte verfälscht werden. Unendliche Eigenwerte treten beim verallgemeinerten Eigenwertproblem immer dann auf, wenn die dynamische Matrix $\mathbf{C}$ singulär ist Gleichung 3.3 [Ste01]. Eine Gewichtungsfunktion, die diese Eigenschaften erfüllt, ist die Funktion [Sch09]

$$\sigma(s_i) = \frac{1}{2} - \frac{1}{\pi} \arctan\left(\kappa \left[\frac{|s_i|}{\theta} - 1\right]\right). \tag{3.47}$$

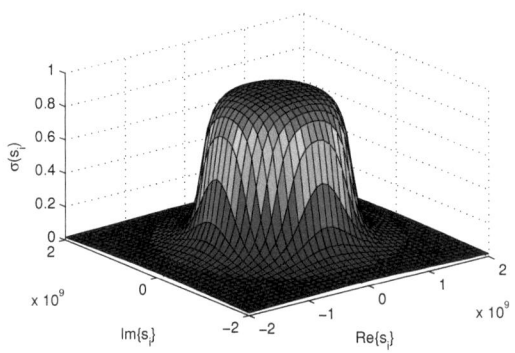

Abbildung 3.21: Gewichtsfunktion nach Gleichung 3.47 für $\kappa = 10$ und $\theta = 10^9$

Die Parameter κ und θ dienen zur Anpassung der Gewichtsfunktion an die jeweilige Aufgabenstellung. Befindet sich der Eigenwert an der Stelle $\theta = s_i$, so nimmt die Gewichtsfunktion den Wert $\sigma = 0.5$ an. $\theta = s_i$ kann als Kriterium für eine zu wählende Grenzfrequenz genutzt werden, denn sie stellt die Breite des Topfes, an der die Gewichtsfunktion den Wert 1 annimmt, dar. κ gibt die Steilheit im Übergangsbereich zwischen dem Wert Eins und Null an. Diese Funktion hat den Vorteil, dass sie für unendliche Eigenwerte den Wert Null annimmt und somit die oben erwähnte Bedingung erfüllt.

In Bezug auf das Gradientenverfahren ergibt sich der Gradient der Gesamtzielfunktion mit der Produktregel zu

$$\nabla_\mathbf{p} Z_{\text{ges}}(\mathbf{p}) = \sum_{n=1}^{N} \frac{\partial \sigma(s)}{\partial s} \cdot f(s) + \sigma(s) \cdot \frac{\partial f(s)}{\partial s} \bigg|_{s=s_n} . \quad (3.48)$$

Die Ableitung von $\frac{\partial \sigma(s)}{\partial s}$ ist außerhalb der Anstiegszone in Abbildung 3.21 nahezu Null. Geht man davon aus, dass sich kein Eigenwert in dieser Zone aufhält (dominante Eigenwerte im roten Bereich, nichtdominante Eigenwerte im dunkelblauen Bereich), kann der Term $\frac{\partial \sigma(s)}{\partial s} \cdot f(s)$ vernachlässigt werden und der Gradient ergibt sich zu [Sch09, Mey07]:

$$\nabla_\mathbf{p} Z_{\text{ges}}(\mathbf{p}) = \sum_{n=1}^{N} \sigma(s_n) \nabla_\mathbf{p} f(s_n(\mathbf{p})). \quad (3.49)$$

Der Vorteil des gesamten in Abbildung 3.22 dargestellten Verfahrens besteht darin, dass alle Eigenwerte bezüglich der Zielfunktion optimiert werden. Im Gegensatz zu den vorherigen, auf einen Eigenwert fokussierten Optimierverfahren müssen keine Eigenwerte mehr verfolgt und mit dem MAC zugeordnet werden, d.h. die Berechnung des MAC und die darauf aufbauenden Schritte werden nicht mehr benötigt. Dadurch entfällt gleichfalls die Problematik der dominanten Polstellen, siehe auch Abbildung 3.18. Dies liegt darin begründet, dass die Gewichtungsfaktoren in jedem Optimierschritt neu berechnet und gleichzeitig die dominanten Eigenwerte immer wieder erkannt werden.

KAPITEL 3. KOMPENSATION DURCH DIREKTE EIGENWERTVERSCHIEBUNG

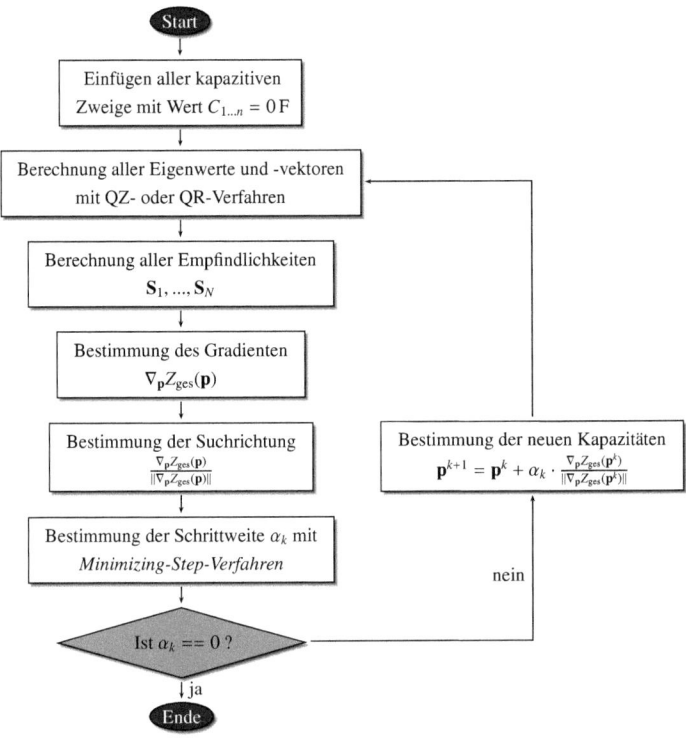

Abbildung 3.22: Automatische Topologiemodifikation mit Gradientenverfahren

3.7.4 Butterworth-Zielfunktion

In den bisher beschriebenen Verfahren wurde die $45°$-Achse als dominantes Kriterium für eine ausreichende Stabilität von Verstärkerschaltungen gewählt. In [Saf10] wurde festgestellt, dass die *Butterworth-Polstellen-Konfiguration* [SM01] ebenfalls eine sehr günstige Polstellenlage ist. Ein Butterworth-Frequenzgang ist maximal flach und weist kein Peaking auf.

Des Weiteren zeichnet sich ein Butterworth-Filter durch eine sehr große Grenzfrequenz und schnelleres Einschwingverhalten aus [BS07].
In [Saf10] wurde eine Schaltung vorgestellt, bei der die Eigenwertlagen einer Butterworth-Konfiguration entsprachen. Deshalb wurde zur Optimierung der Pollagen die Zielfunktion aus Abbildung 3.23 gewählt. Der analytische Zusammenhang lautet:

$$\sigma(s_i) = \text{Re}\{s_i\}(\delta - \cos(8\phi_s)). \quad (3.50)$$

Mit dem Parameter δ wird die Steilheit der Funktion in die linke und rechte Halbebene eingestellt, ϕ_s ist der Winkel des Eigenwertes zur Realteilachse.

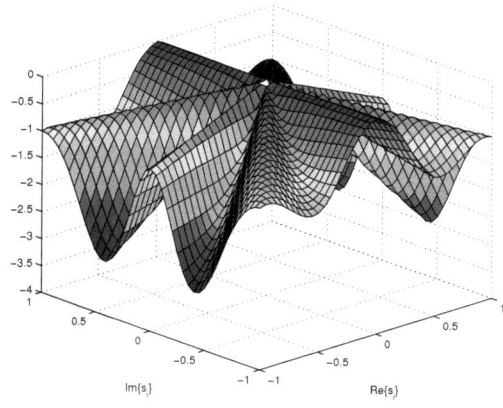

Abbildung 3.23: Zielfunktion aus Gleichung 3.50 für $\delta = 2$ [Saf10]

Mit der Zielfunktion aus Abbildung 3.23 können die Eigenwerte auf der 22.5°- und 67.5°-Achse platziert werden und somit ein Verhalten eines Butterworth-Filters erreicht werden [SM01].
Die Herausforderung der Butterworth-Pollagen ist die Generierung einer geeigneten Zielfunktion, die eine Wanderung der Eigenwerte in die rechte Halbebene verhindert, denn dann können noch schnellere Verstärker mit besserem Einschwingverhalten erzeugt werden.

3.7.5 Probleme des gradientenbasierten Verfahrens

Während der Optimierung mit dem Gradientenverfahren kann es unter Umständen vorkommen, dass der Parameter p_i negative Werte annehmen kann, wenn dies zu einer Verbesserung im Verfahren, d.h. der Eigenwertlagen, führt. Dadurch ergeben sich zwei Probleme: Erstens können möglicherweise negative Parameter, also Kapazitäten, physikalisch nicht realisiert werden und zweitens kann eine weitere Verringerung eines Parameters zu einem Sprung der Eigenwerte in die positive komplexe Halbebene führen.

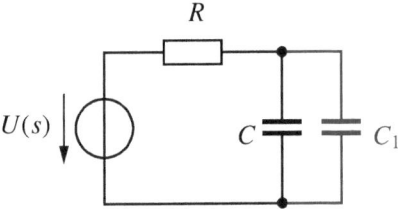

Abbildung 3.24: RC-Tiefpass mit Optimierungskapazität C_1

Abbildung 3.24 zeigt einen einfachen RC-Tiefpass, bei dem eine Optimierungskapazität C_1 zum Verschieben des Eigenwertes eingefügt wurde. Diese Kapazität soll nun so dimensioniert werden, dass die Bandbreite des Netzwerkes maximal wird. Dieses Netzwerk besitzt eine Polstelle bei

$$s_1 = -\frac{1}{R(C + C_1)}. \tag{3.51}$$

Das Optimierungsverfahren wird nun versuchen, den Eigenwert in der Laplace-Ebene in Richtung $-\infty$ zu verschieben, dabei verringert sich der Wert von C_1 ausgehend von $C_1 = 0$, siehe Abbildung 3.25.

KAPITEL 3. KOMPENSATION DURCH DIREKTE EIGENWERTVERSCHIEBUNG

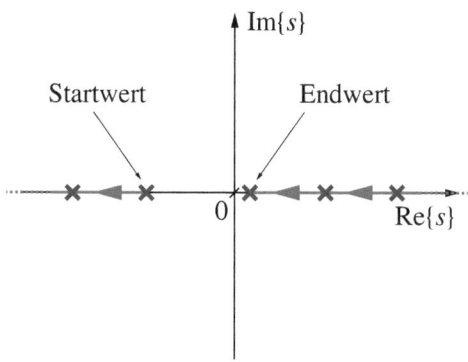

Abbildung 3.25: Springen des Eigenwertes s_1 in die rechte Halbebene

Erreicht die Kapazität den Wert $C_1 = -C$, so wird die Optimierung beendet, da hier ein Maximum an Bandbreite erreicht wurde und der Pol bei $-\infty$ verschwindet. Geht man davon aus, dass eine komplexe Schaltung sehr viele Eigenwerte besitzt, so bekommt der Eigenwert, der sehr weit vom Ursprung entfernt liegt, nur eine geringe Gewichtung in der Optimierung. Wird nun durch die Verringerung von C_1 ein dominanter Pol in der komplexen Schaltung positiv beeinflusst, so kann die Gesamtkapazität an dem Knoten in Abbildung 3.24 $C_{\text{ges}} = (C + C_1)$ negative Werte annehmen. Tritt dieser Fall auf, dann wandert der Eigenwert s_1 zuerst nach $-\infty$ und springt dort in die rechte Laplace-Ebene auf $+\infty$. Von dort wandert er bei weiterer Verringerung der Kapazität C_1 zum Ursprung. In Abbildung 3.25 ist dieses Verhalten bei weiterer Verringerung der Kapazität C_1 dargestellt. Ist der Eigenwert in die rechte Halbebene gesprungen, so hat der Optimierungsalgorithmus keine Möglichkeit, dies wieder zu beheben, da er versuchen wird, den Eigenwert über den Koordinatenursprung wieder in die linke Laplace-Ebene zu schieben. Dies geht aber weiter mit einer Verringerung der Kapazität C_1 einher. Der Pol würde maximal bis zum Koordinatenursprung verschoben werden.
Damit die Eigenwerte nicht springen, muss das Verfahren erweitert wer-

KAPITEL 3. KOMPENSATION DURCH DIREKTE EIGENWERTVERSCHIEBUNG

den. Dazu werden im Folgenden zwei Möglichkeiten vorgestellt.

Modifizierte Suchrichtung

Geht man von den physikalischen Gegebenheiten aus, so dürfen während der Optimierung keine negativen Kapazitäten auftreten. Damit dieser Fall nicht auftreten kann, besteht eine Möglichkeit, den Vektor der Suchrichtung $\Delta\mathbf{p}$ in jedem Optimierungsschritt zu modifizieren. Die einfachste Variante ist, die Suchrichtungen im Vektor $\Delta\mathbf{p}$, welche einen negativen Beitrag liefern, zu Null zu setzen. Dies hat allerdings den Nachteil, dass möglicherweise ein lokales Optimum nicht direkt erreicht werden kann, da einmal eingefügte Kapazitäten nicht mehr entfernt oder in ihrem Wert verringert werden können. Mit dieser Modifikation werden Suchrichtungen zu optimalen Lösungen möglicherweise abgeschnitten. Allerdings stellt dieses Verfahren eine sehr einfache Methode dar, um springende Eigenwerte zu vermeiden.

Restringierte Optimierung

Einen weit besserer Ansatz bietet die Methode der restringierten Optimierung, wie dies in Unterabschnitt 3.5.4 beschrieben wurde. Im ersten Iterationsschritt ist es möglich, dass das Verfahren negative Kapazitäten einbaut und damit Eigenwerte springen können. In diesem Fall wird im zweiten Iterationsschritt die Variable $\lambda > 0$ gesetzt (Unterabschnitt 3.5.4). Das hat zur Folge, dass die eingefügten Kapazitäten nun wieder positive Werte erhalten und die gesprungenen Eigenwerte wieder zurück in die linke Laplace-Halbebene geschoben werden. In dem Verfahren ist wichtig, dass die gesprungenen Eigenwerte in der rechten Halbebene bei der Optimierung keinen Einfluss haben dürfen, da sonst die Optimierung verfälscht wird. Es wird also eine modifizierte Zielfunktion benötigt, die die gesprungenen Eigenwerte ausblendet. Am einfachsten lässt sich dieses Problem lösen, indem die Restriktionen so gewählt werden, dass alle eingefügten

Kapazitäten die Forderung

$$R_j = C_j > 0 \quad \forall j \quad (3.52)$$

erfüllen [Sch09].

3.7.6 Fallbeispiel: Miller-Operationsverstärker

Das Gradientenverfahren soll anhand eines Miller-Operationsverstärkers (Abbildung 3.26) getestet werden [Sch09]. Dieser Operationsverstärker wurde in einer 0.6 µm-BiCMOS-Technologie der X-FAB Semiconductor Foundries AG entworfen.

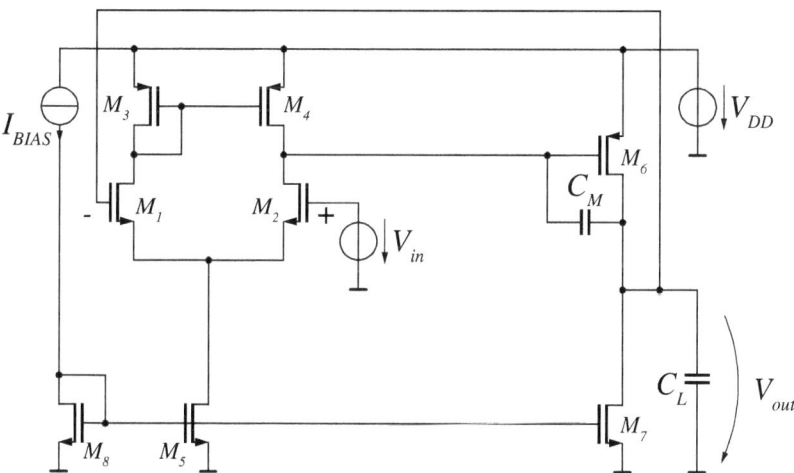

Abbildung 3.26: Testschaltung für das Gradientenverfahren (vorkompensiert)

KAPITEL 3. KOMPENSATION DURCH DIREKTE EIGENWERTVERSCHIEBUNG

Bauelement	Weite	Länge
M_1, M_2	80 µm	1 µm
M_3, M_4	40 µm	1 µm
M_5	40 µm	2 µm
M_6	80 µm	1 µm
M_7	140 µm	2 µm
M_8	5 µm	2 µm

Tabelle 3.4: Weiten und Längen des zu optimierenden Miller-OPV

Der Miller-Operationsverstärker wird im vorliegenden Beispiel als Spannungsfolger betrieben. Die Betriebsspannung beträgt V_{DD} = 5 V und der Biasstrom I_{BIAS} = 10 µA. Die Stromaufteilung wurde so vorgenommen, dass in der Differenzstufe 40 µA und in der Sourcestufe am Ausgang 100 µA fließen. Damit ist sichergestellt, dass die dominante Polstelle durch die langsame Differenzstufe erzeugt wird und somit die Millerkompensation durch C_M auch wirksam werden kann. Danach erfolgt die Dimensionierung mit Hilfe der Methode (große Leerlaufverstärkung) aus Kapitel 3 (Tabelle 3.4). Die Lastkapazität beträgt C_L = 1 pF. Bevor das gradientenbasierte Verfahren startet, wurde die Millerkapazität (C_M = 300 fF) genutzt, um die Polstellen des Verstärkers in geschlossener Schleife knapp in die linke komplexe Halbebene zu verschieben. Damit ist sichergestellt, dass der Verstärker gerade stabil ist und das Gradientenverfahren einen guten Startpunkt für die Optimierung besitzt.

In Abbildung 3.27 ist zu erkennen, dass die Schaltung mit der Vorkompensation an sich stabil ist, aber aufgrund des großen Peaks von 25.9 dB im Frequenzgang (Abbildung 3.27 (b)) erhebliche Oszillationen im Zeitbereich aufweist (Abbildung 3.27 (c)). Dieses Verhalten kann auch hier wieder aus dem Pol-Nullstellendiagramm abgeleitet werden, da die dominanten Polstellen sehr nahe an der imaginären Achse liegen. Die nicht-

KAPITEL 3. KOMPENSATION DURCH DIREKTE
EIGENWERTVERSCHIEBUNG

dominanten Polstellen, d.h. Polstellen, die nur geringen Einfluss auf den Frequenzgang zeigen und einen sehr großen Abstand zum Ursprung besitzen, sind hier nicht dargestellt. Der DC-Arbeitspunkt der Schaltung, bei der die Kleinsignalanalysen durchgeführt wurden, beträgt $V_{in} = 2\,\text{V}$ am Eingang. Die Ergebnisse der Simulation sind in Tabelle 3.7 in der Spalte des vorkompensierten OPV zu finden.

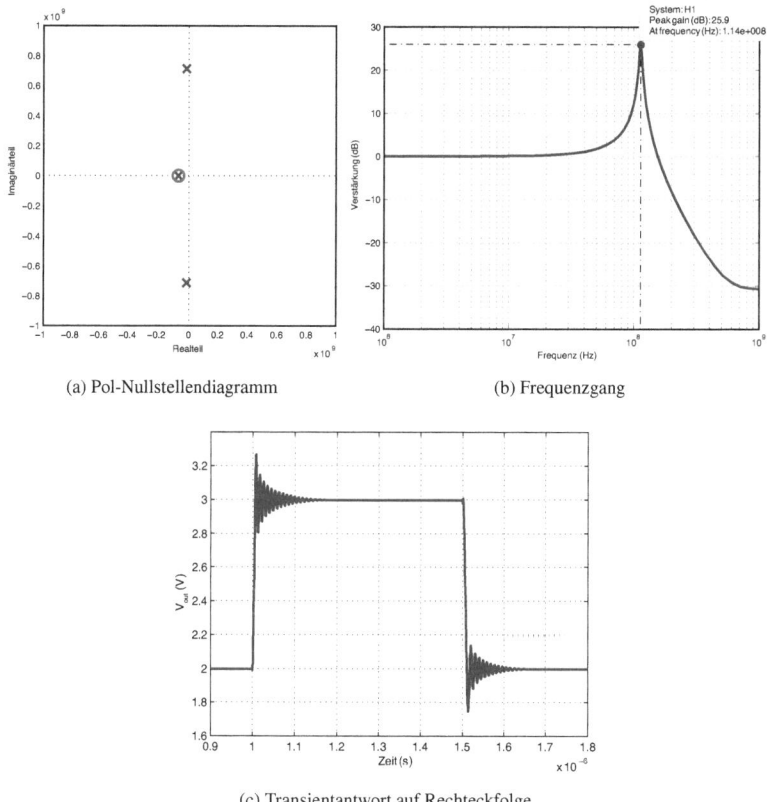

(a) Pol-Nullstellendiagramm   (b) Frequenzgang

(c) Transientantwort auf Rechteckfolge

Abbildung 3.27: Simulationsergebnisse des Miller-OPV mit geringer Vorkompensation

KAPITEL 3. KOMPENSATION DURCH DIREKTE
EIGENWERTVERSCHIEBUNG

Eigenwertoptimierung eines Miller-OPV

Vor Anwendung des gradientenbasierten Verfahrens muss die Zielfunktion und die Gewichtsfunktion angepasst werden. Dabei erwiesen sich für die freien Parameter aus Gleichung 3.39 und Gleichung 3.47 folgende Werte als günstig:

Parameter	Wert
δ	1.1
θ	$1 \times 10^9 \, s^{-1}$
κ	10

Tabelle 3.5: Gewählte Parameter für Ziel- und Gewichtsfunktion

θ wurde aus der Überlegung heraus gewählt, dass Polfrequenzen > 150 MHz nicht ins Gewicht fallen sollen. Die Werte für δ und κ stellten sich nach mehreren Optimier-Durchläufen speziell für diesen Miller-OPV aus Abbildung 3.26 als günstig heraus. Bei anderen Schaltungen müssen zuvor einige Testläufe durchgeführt werden, um „gute" Werte für δ und κ zu finden.

Nach der Anwendung des in Abbildung 3.22 dargestellten Algorithmus wurden fünf Kapazitäten berechnet und in die Schaltung eingefügt, die eine für den Prozess physikalisch realisierbare Mindestgröße besitzen. Abbildung 3.28 zeigt die durch den Algorithmus gefundene Topologiemodifikation.

KAPITEL 3. KOMPENSATION DURCH DIREKTE EIGENWERTVERSCHIEBUNG

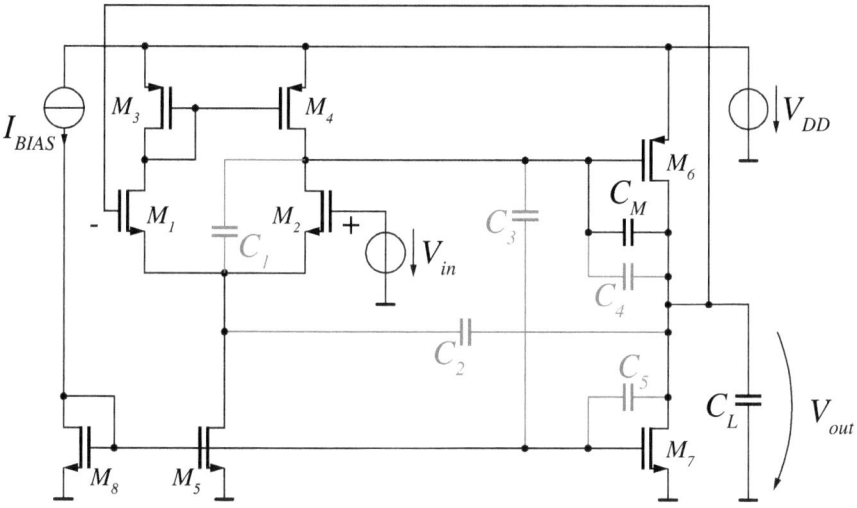

Abbildung 3.28: Miller-OPV mit Kompensationskapazitäten

Die Werte der eingefügten Kapazitäten sind in Tabelle 3.6 aufgeführt. Dabei ergab sich eine Gesamtkapazität von 3.837 pF, die sich auf die fünf berechneten Kapazitäten aufteilt. Nach Konnektierung der berechneten Kapazitäten in der Schaltung soll das Übertragungsverhalten erneut untersucht werden.

Kapazität	Wert
C_0	300 fF
C_1	525 fF
C_2	64 fF
C_3	486 fF
C_4	872 fF
C_5	1.59 pF
Summe	3.837 pF

Tabelle 3.6: Werte der eingefügten Kapazitäten

KAPITEL 3. KOMPENSATION DURCH DIREKTE EIGENWERTVERSCHIEBUNG

Die Berechnung der Pol- und Nullstellen ergibt das in Abbildung 3.29 dargestellte Pol-Nullstellen-Diagramm. Es ist zu erkennen, dass das dominante Polpaar nun sehr nahe der 45°-Achse liegt.

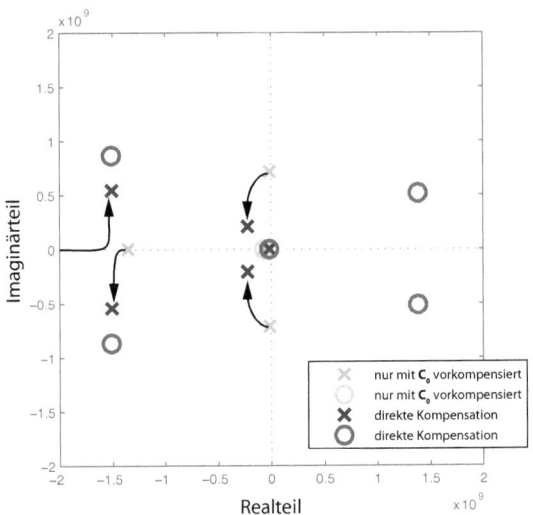

Abbildung 3.29: Pol-Nullstellen-Diagramm nach dem Gradientenverfahren

Zusätzlich kam es bei etwa der vierfachen Polfrequenz zu einer Polbifurkation. Auch dieses Polpaar kommt unterhalb der 45°-Achse zum Liegen. Damit zeigt sich, dass die Optimierung bezüglich der Polstellenlagen korrekt erfolgt. Der Frequenzgang und die transiente Aussteuerung sind in Abbildung 3.30 dargestellt.

Wie zu erwarten, zeigt sich nach der Optimierung, dass sich durch Verschiebung der Polstellen der Peak im Frequenzgang stark verringert hat (auf 0.41 dB). Damit erreicht die Schaltung, die als Spannungsfolger betrieben wurde, eine $-3\,$dB-Bandbreite von 50.4 MHz. Beim transienten Verhalten zeigt sich, dass die Einschwingvorgänge nahezu verschwunden sind. Allerdings unterscheiden sich die Anstiegsgeschwindigkeiten beider Signalflanken erheblich (SR-steigend 57.7 $\frac{V}{\mu s}$ und SR-fallend $-7.9 \frac{V}{\mu s}$). Dies liegt an der strombegrenzenden Wirkung des Stromspiegels mit Transistor M_7, der beim Entladevorgang (fallende Flanke) die Lastkapazität C_L und C_5 mit einem doch relativ großen Wert von 1.59 pF entladen muss.

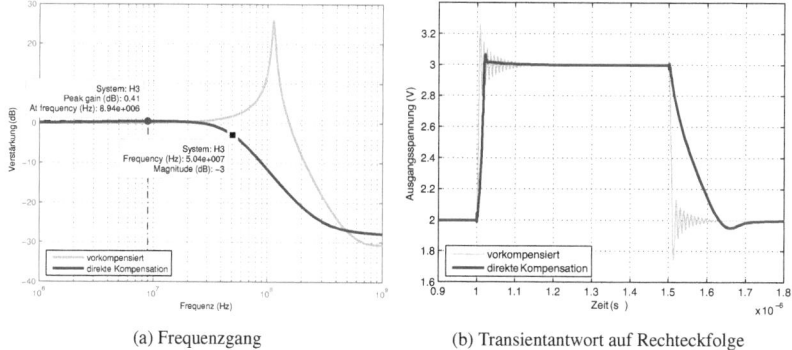

(a) Frequenzgang (b) Transientantwort auf Rechteckfolge

Abbildung 3.30: Simulationsergebnisse des Miller-OPV nach Gradientenverfahren

Ein besseres Großsignalverhalten kann mit Hilfe einer Nachoptimierung, die speziell auf Symmetrierung der Anstiegsflanken ausgelegt ist, erreicht werden. Ein ausführlicher Vergleich der neuen Schaltungsstruktur mit der klassischen Miller-Kompensationsmethode ist in [Sch09] dargestellt. Dabei zeigte sich, dass bei gleichem Stabilitätsverhalten, d.h. gleiche Resonanzüberhöhung im Frequenzgang, mit der direkten Kompensation eine nahezu 1.5-fache Bandbreite und eine wesentliche Flächenersparnis (Kapazitätsfläche) gegenüber der normalen Miller-Kompensation aus Unterabschnitt 2.5.1 erreicht werden konnte (siehe Tabelle 3.7). Ebenfalls wurde der Standard-Miller-OPV so modifiziert (Miller2), bis er die gleiche Bandbreite wie nach der direkten Kompensation besitzt. Dabei ist zu erkennen, dass das Stabilitätsverhalten der klassischen Kompensation deutlich schlechter ist (Resonanzüberhöhung 1.31 dB), trotz großer Kompen-

KAPITEL 3. KOMPENSATION DURCH DIREKTE
EIGENWERTVERSCHIEBUNG

sationskapazität.

Parameter	vorkomp.	direkte Komp.	Miller 1	Miller2
3 dB-Bandbreite	169 MHz	50.37 MHz	36.08 MHz	50.36 MHz
Peaking	25.08 dB	0.409 dB	0.418 dB	1.31 dB
Slewrate steigend	194.8 $\frac{V}{\mu s}$	57.7 $\frac{V}{\mu s}$	< 0.1 $\frac{V}{\mu s}$	6.6 $\frac{V}{\mu s}$
Slewrate fallend	−119.8 $\frac{V}{\mu s}$	−7.9 $\frac{V}{\mu s}$	< 0.1 $\frac{V}{\mu s}$	−6.1 $\frac{V}{\mu s}$
Gesamtkapazität	0.3 pF	3.84 pF	110 pF	12.3 pF

Tabelle 3.7: Simulationsergebnisse direkter und Miller-Kompensationen im Vergleich

3.8 Implementierungsdetails der Algorithmen

3.8.1 Konnektierungsproblematik

Alle Algorithmen wurden in das Werkzeug *Analog Insydes* [Fra, Hen] integriert, um schon vorgefertigte Funktionen der Netzlistenmanipulaton und Eigenwertberechnung von Schaltungen nutzen zu können.
Zur Bestimmung der Eigenwertempfindlichkeiten fügt das Werkzeug zwischen allen erreichbaren Knoten im Netzwerk die Kompensationselemente ein. Da die anschließende Eigenwertberechnung eine Kleinsignalanalyse ist, bei dem die linearen Kleinsignalersatzschaltbilder aller nichtlinearen Bauelemente zuvor eingesetzt werden, wäre es möglich interne Transistorknoten zu konnektieren. Das muss verhindert werden, da dies in Realität nicht möglich ist. Deshalb werden Bauelemente mit internen Knoten ausgespart und durch Leerlaufblöcke ersetzt, so das nur real konnektierbare Knoten in der Netzliste verbleiben (Abbildung 3.31).

KAPITEL 3. KOMPENSATION DURCH DIREKTE EIGENWERTVERSCHIEBUNG

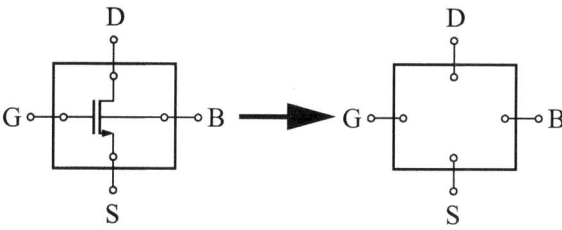

Abbildung 3.31: Elementersetzung durch Leerläufe

3.8.2 Hierarchieerkennung

Ein Problem tritt dann auf, wenn ein Schaltungsentwickler einen sehr stark hierarchisch geprägten Entwurfsstil besitzt. Hier müssen über verschiedene Hierarchieebenen hinweg Kompensationselemente verbunden werden. Damit alle Hierarchieebenen erkannt werden, wurde diese im Namen des Kompensationselementes verschlüsselt. D.h. eine Kapazität $C\$0\$\$pn\$I1\$I5\$I7$ wird auf oberster Ebene mit dem Knoten 0 verbunden. Der andere Anschluss der Kapazität muss zuerst in die Blöcke $I7 \to I5 \to I1$ eintauchen und im Block $I1$ mit dem Knoten pn verbunden werden.

3.8.3 Flächenbegrenzung

Während des Optimierungsprozesses ist es möglich, dass eine Eigenwertlage durch ständige Vergrößerung eines Kompensationselementes verbessert wird. Beim Entwurf von integrierten Schaltungen ist jedoch darauf zu achten, dass der Flächenverbrauch so gering wie möglich gehalten wird. Deshalb besteht im Optimierungsprozess die Möglichkeit einen maximalen Wert für die einzelnen Kompensationselemente anzugeben. Erreicht der Optimierungsalgorithmus diese Grenze, beendet er die Dimensionierung.

3.9 Schlussfolgerung

In diesem Abschnitt wurde gezeigt, dass mit Hilfe von Eigenwertempfindlichkeiten kombiniert mit Optimierverfahren das Schaltungs- und Stabilitätsverhalten von rückgekoppelten Breitbandverstärkern erheblich verbessert werden kann. Wichtige Punkte waren die Reduktion des Komplexitätsproblems aufgrund von Empfindlichkeitsanalysen der Eigenwerte, ein Stabilitätskriterium zur Stabilitätsanalyse von geschlossenen Systemen sowie Synthese und Dimensionierung von Kompensationsnetzwerken mit Hilfe einer automatische Topologiemodifikation, die auf nichtlinearen Optimierverfahren beruht. Dabei konnte am Beispiel eines Folded-Cascode-OPV eine enorme Stabilitätsverbesserung ohne Bandbreitenverlust erzielt werden. An einem Miller-OPV wurde eine Flächeneinsparung der Kompensationselemente erreicht, was mit den klassischen Kompensationsverfahren nicht möglich gewesen wäre.

Der große Vorteil der automatisierten Synthese von Kompensationsnetzwerken ist, dass kein Expertenwissen über den zu kompensierenden Verstärker benötigt wird, da das gesamte Kompensationsverfahren vom Algorithmus übernommen wird. Ein kleiner Nachteil des gradientenbasierten Verfahrens ist die enorme Rechenzeit für große Schaltungen und die applikationsabhängige Einstellung der Parameter der Zielfunktionen, die für jede neue Anforderung auch neu eingestellt werden müssen.

4

Entwurf eines Breitband-Signalverstärkers

In dem folgenden Kapitel sollen die in den vorangegangenen Abschnitten aufgezeigten Verfahren und Algorithmen zur automatischen Frequenzgangskompensation an einem industriellen Schaltungsbeispiel angewendet und verifiziert werden. Dazu wird ein Breitband-Signalverstärker von Grund auf neu entwickelt und dessen Topologie anschließend über alle Hierarchieebenen hinweg modifiziert.

Ziel soll es sein, durch strukturierte Entwurfsmethodik und automatisierte Frequenzgangskompensation einen perfekt auf die Anwendung angepassten Breitbandverstärker zu entwickeln, der die Anforderungen der Spezifikation erfüllt und sogar übertreffen kann.

Der Schaltungsentwurf und dessen Verifikation wurde mit Hilfe des Cadence Design Framework DFII [Cad] durchgeführt.

KAPITEL 4. ENTWURF EINES
BREITBAND-SIGNALVERSTÄRKERS

4.1 Entwurfsstrategie

Für den Entwurf analoger integrierter Schaltungen wird sehr häufig der in Abbildung 1.2 dargestellte Entwurfsablauf genutzt. In diesem Ablauf gibt es prinzipiell zwei große Problemgebiete, die des Topologieentwurfs und der Topologiemodifikation. Der Topologieentwurf ist ein stark heuristisch geprägter und sehr kreativer Prozess, der auf der „Wissensbasis" des Entwerfers aufbaut. Eine strukturierte Vorgehensweise beim Topologieentwurf ist häufig ein guter Ausgangspunkt für eine „gute Schaltung" [IF04]. Dabei bedeutet *strukturiert*, dass der Entwurf mit einer einfachen bekannten Grundtopologie beginnt, die im weiteren Entwurfsprozess gezielt verändert und verfeinert wird, bis die meisten Spezifikationsmerkmale erfüllt werden.

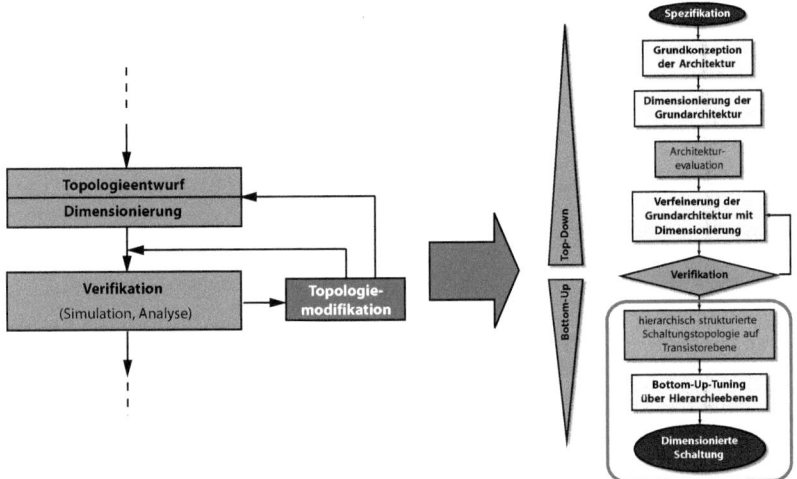

Abbildung 4.1: Verfeinerter Entwurfsablauf

In Abbildung 4.1 ist ein Ausschnitt des Entwurfsablaufes aus Abbildung 1.2, der Topologieentwurf und -modifikation, in verfeinerter Form dargestellt.

Dabei ist zu erkennen, dass nach dem eigentlichen Topologieentwurfsprozess eine *Bottom-Up-Tuning-Phase* folgt. Diese Phase wird dazu genutzt, um die Bandbreite und das Stabilitätsverhalten von rückgekoppelten Breitbandverstärkern durch automatisierte Topologiemodifikation und Optimierung zu verbessern.

4.2 Systemkonzept

Schaltungen, insbesondere Verstärkerschaltungen, die in HD-Anwendungen, wie zum Beispiel in Blu-ray-Disc-Laufwerken, zur Speicherung von Inhalten eingesetzt werden, müssen sehr große Bandbreiten besitzen. Ein Blu-ray-Disc-Laufwerk mit „einfacher" Geschwindigkeit (1x) benötigt laut Spezifikation eine Datenrate von 36 MBit/s bzw. 4.5 MB/s [Blu10].
In den heutigen Laufwerken, die zur Datenspeicherung genutzt werden sollen, sind aber 8-fache oder gar 12-fache Geschwindigkeit nötig, was zu einer Datenrate von 288 MBit/s bzw. 432 MBit/s führt. Beim Entwurf einer Verstärkerstruktur muss deshalb eine sehr hohe Anforderung an die Bandbreite gestellt werden. Große Bandbreite bedeutet eine möglichst getreue Übertragung des Eingangssignals zum Ausgang, also wenig Intersymbolinterferenzen (ISI).

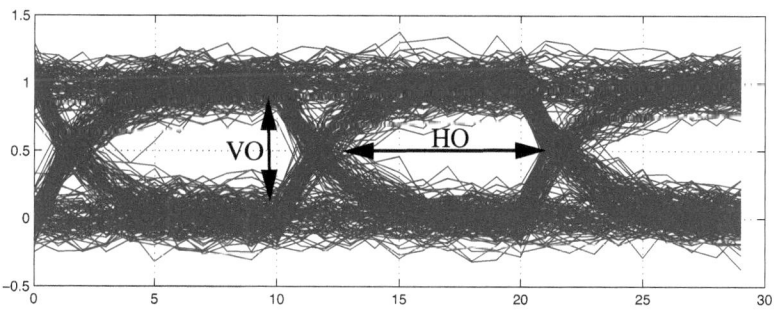

Abbildung 4.2: Augendiagramm

KAPITEL 4. ENTWURF EINES BREITBAND-SIGNALVERSTÄRKERS

Allerdings ist bei zu großer Bandbreite eines Systems auch das Rauschen sehr hoch. Es muss also ein Kompromiss zwischen einer möglichst hohen Bandbreite und geringem Rauschen am Ausgang des Systems gefunden werden. Damit ein Signal am Ausgang eines Systems richtig erkannt wird, muss das Augendiagramm des Ausgangssignals eine vorgegebene horizontale (HO) und vertikale Öffnung (VO), wie dies in Abbildung 4.2 beispielhaft dargestellt ist, besitzen.

In der Praxis hat sich der Zusammenhang $B_{3dB} = 0.75...0.6 \cdot BR$ zur Bestimmung der Systembandbreite mit der NRZI (Non Return to Zero Inverted) Kodierung, wie dies auch bei Blu-ray-Discs der Fall ist, als vorteilhaft erwiesen. Hier wurde ein möglichst guter Kompromiss zwischen Rauschen und ISI gefunden [Sö5, Tec03, Raz03]. Dabei ist BR die benötigte Bitrate. Für ein 8-fach Blu-ray-Disc-Laufwerk wird demnach eine Bandbreite für einen Verstärker von $B_{3dB} = 0.75 \cdot 8 \cdot 36\,\text{Mbit/s} = 216\,\text{MHz}$ benötigt. Bei den heutigen 12-fach-Laufwerken ist die benötigte Bandbreite $B_{3dB} = 0.75 \cdot 12 \cdot 36\,\text{Mbit/s} = 324\,\text{MHz}$ (Abbildung 1.3).

Da ein schwaches, möglicherweise verrauschtes Lichtsignal verstärkt werden soll, wurde das Konzept einer mehrstufigen Anordnung wie in Abbildung 4.3 gewählt. Die erste Verstärkerstufe verstärkt den Strom aus einer Fotodiode. Dabei ist die Verstärkung des Stromverstärkers variabel, welche durch eine Steuerlogik eingestellt werden kann. Nach dem Stromverstärker folgt ein Transimpedanzverstärker, der den Strom aus dem Stromverstärker wieder verstärkt und in eine proportionale Spannung umwandelt. Durch die Steuerlogik am TIA ist es möglich, eine auftretende Offsetspannung am Ausgang des Gesamtsystems durch Einspeisung von Strom am Eingang des TIA zu kompensieren. Nach dem TIA wird diese Spannung noch einmal durch einen Spannungsverstärker auf die benötigte Größe verstärkt und dann ausgegeben. Im Folgenden soll der Transimpedanzverstärker (TIA) als Breitbandverstärker sukzessiv entworfen werden, der in einem 8-fach Blu-ray-Disc-Laufwerk eingesetzt werden kann.

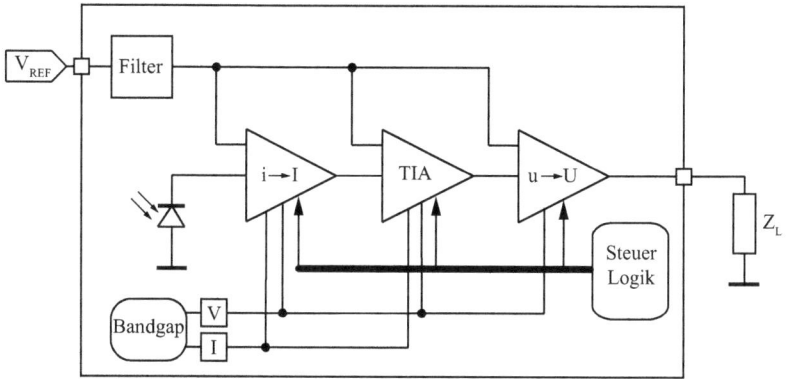

Abbildung 4.3: Blockschaltbild des Blu-ray-Disc-Empfängerkanals

4.3 Topologieauswahl

Die Grundbeschaltung des Transimpedanzverstärkers ist in Abbildung 4.4 dargestellt. In dieser Konfiguration wird die zu entwerfende Schaltung simuliert und getestet.

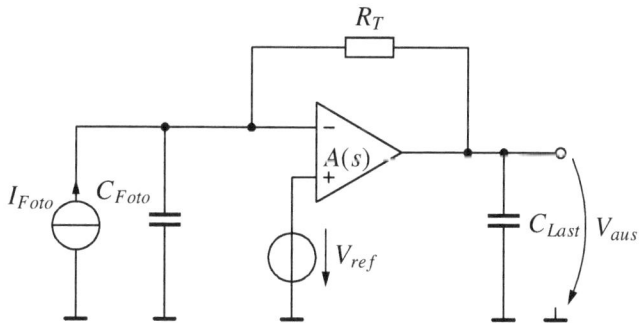

Abbildung 4.4: Außenbeschaltung des Transimpedanzverstärkers

KAPITEL 4. ENTWURF EINES BREITBAND-SIGNALVERSTÄRKERS

Der TIA soll laut Vorgabe eine Referenzspannung von $V_{ref} = 2.1$ V besitzen. Die Fotodiode liefert einen Fotostrom I_{Foto}. Das kapazitive Verhalten der Fotodiode wird durch C_{Foto} modelliert und beträgt $C_{Foto} = 500$ fF. Ebenfalls ist die Lastkapazität bzw. die Eingangskapazität der nachfolgenden Stufe mit $C_{Last} = 1$ pF gegeben. Der Transimpedanzverstärker soll eine Transimpedanz von $R_T = 15.6$ kΩ besitzen. Ein Ausschnitt der Gesamtspezifikation des Transimpedanzverstärkers ist in Tabelle 4.1 dargestellt. Weitere Spezifikationsparameter, wie z.B. Rauschen und Eingangswiderstände, werden im Abschnitt 4.5 behandelt.

Parameter	Wert
V_{DD}	5 V
I_{ges}	1.5 mA
V_{ref}	2.1 V
C_{Last}	1 pF
C_{Foto}	500 fF
Transimpedanz R_T	15.6 kΩ
Bandbreite f_{3dB}	250 MHz für 8-fach
max. Resonanzüberhöhung im Frequenzgang	1 dB
DC-Offset V_{Offset}	±10 mV
Slew Rate SR	mind. ±400 $\frac{V}{\mu s}$

Tabelle 4.1: Spezifikation des Transimpedanzverstärkers

4.3.1 Vorüberlegungen zur Verstärkungsanforderung des Transimpedanzverstärkers

Die Gleichstromübertragungsfunktion des Netzwerkes aus Abbildung 4.4 ergibt sich zu:

$$V_{aus} = -\frac{A}{1+A}(R_T I_{Foto} - V_{ref}). \tag{4.1}$$

Wenn kein Fotostrom $I_{Foto} = 0\,A$ fließt, darf der Verstärker laut Spezifikation eine DC-Offsetspannung am Ausgang von $V_{Offset} = \pm 10\,mV$, bei Vernachlässigung der Eingangsströme in den Verstärker, nicht überschreiten. Aus dieser Forderung kann die **minimale Verstärkung** der offenen Schleife des inneren Operationsverstärkers berechnet werden. Die Ausgangsspannung setzt sich ohne Fotodiodenstrom aus $V_{aus} = V_{ref} \pm V_{Offset}$ zusammen:

$$V_{aus} = Vref \pm V_{Offset} = \frac{A}{1+A}V_{ref}. \tag{4.2}$$

Umgestellt nach der Verstärkung A ergibt sich damit

$$A \geq \frac{Vref}{|V_{Offset}|} - 1 = 209. \tag{4.3}$$

Der Operationsverstärker muss demnach eine Verstärkung von $A \geq 209$ aufweisen.

4.3.2 Topologieentwurf

Beim Topologieentwurf für den Transimpedanzverstärker wird mit einer sehr einfachen Struktur begonnen, da die Gesamtschaltung eine sehr große Bandbreite besitzen muss und deshalb wenige parasitäre dynamische Elemente im Signalpfad liegen sollten. Gleichzeitig muss diese Topologie nach der Dimensionierung eine Open-Loop-Verstärkung von mehr als 209 aufweisen.

Für den Entwurf des inneren OPV bietet sich deshalb eine differentielle

Struktur mit Eingangsdifferenzverstärker an. Damit eine große Ausgangslast von $C_L = 1\,\text{pF}$ getrieben werden kann, muss zusätzlich noch ein Emitterfolger an die Differenzstufe angeschlossen werden.

Die Differenzstufe sollte möglichst ausgeglichen (symmetrisch) arbeiten damit in beiden (Kollektor)Zweigen der gleiche Strom fließt. Der Vorteil dabei ist, dass dies zu einer geringeren Offsetspannung führt. Deshalb sollten die Eingangstransistoren der Differenzstufe sehr gut übereinstimmen (matchen).

Da im vorliegenden Design eine 0.6 μm-BiCMOS-Technologie zur Verfügung steht, werden am Eingang der Differenzstufe Bipolartransistoren Q_1 und Q_2 verwendet, um gutes Matching zu erzielen. Ein positiver Nebeneffekt der Bipolartransistoren ist, dass sie eine größere Transitfrequenz als MOS-Transistoren besitzen (vgl. [San06]) und damit die Differenzverstärkerstufe sehr schnell wird. Gleiches gilt für die Folgerstufe, hier wird ebenfalls ein Bipolartransistor Q_7 eingesetzt.

Die Lasttransistoren und Stromspiegel M_3, M_4, M_5, M_6, M_8 werden als MOS-Transistoren ausgeführt, da diese den Nachteil eines Basisstromes vermeiden. Damit ist die Grundtopologie festgelegt: ein einstufiger Verstärker mit Differenzeingangsstufe und Kollektorschaltung am Ausgang, wie in Abbildung 4.5 dargestellt.

Durch die Bipolartransistoren am Eingang ergibt sich, wie schon erwähnt, der Nachteil des Basisstromes. Dieser verursacht über das Rückkopplungsnetzwerk, dem Transimpedanzwiderstand, einen Spannungsabfall, was einen weiteren Beitrag zur Offsetspannung am Ausgang liefert. Es gilt bei $I_0 = 0\,\text{A}$: $V_{Offset} = I_B \cdot R_F$, siehe Abbildung 4.6.

I_B stellt dabei den Basisstrom dar, der durch die Eingangstransistoren der Differenzstufe verursacht wird. Um die zusätzliche Offsetspannung so gering wie möglich zu halten, wird eine Basisstrom-Kompensation eingebaut [Zim10].

KAPITEL 4. ENTWURF EINES
BREITBAND-SIGNALVERSTÄRKERS

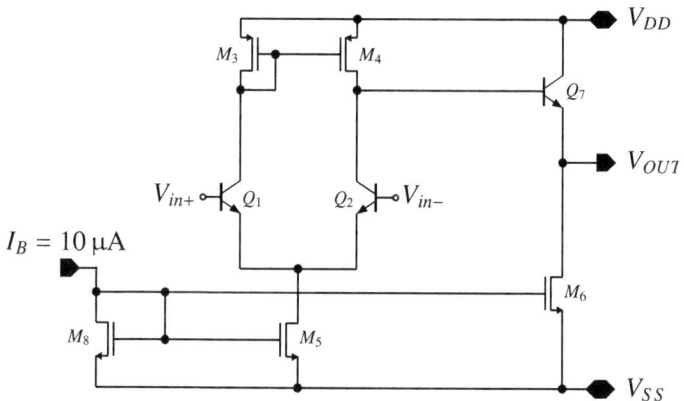

Abbildung 4.5: Grundtopologie eines Transimpedanzverstärkers

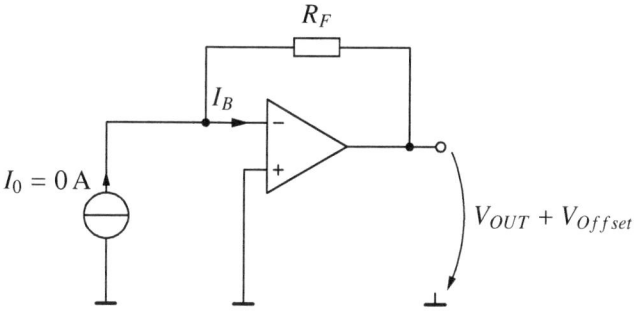

Abbildung 4.6: Offset durch Basisstrom der Eingangstransistoren

Im einfachsten Fall kann dies durch Einsetzen eines Bipolartransistors Q_9 oder Q_{10} in den Kollektorpfad des Differenzverstärkers geschehen. Die Basis der Bipolartransistoren bilden so einen Referenzzweig für einen Stromspiegel, da der Basisstrom von Q_9 und Q_{10} annähernd gleich dem Basisstrom der Eingangstransistoren Q_1 und Q_2 ist. Gespiegelt wird dieser Basisstrom mit Hilfe eines einfachen Stromspiegels, welcher mit den Sourceanschlüssen an eine Gleichspannung V_{BIAS} angeschlossen wird, die so

KAPITEL 4. ENTWURF EINES
BREITBAND-SIGNALVERSTÄRKERS

groß ist, dass die Stromspiegeltransistoren im Sättigungsbereich arbeiten, siehe Abbildung 4.7.

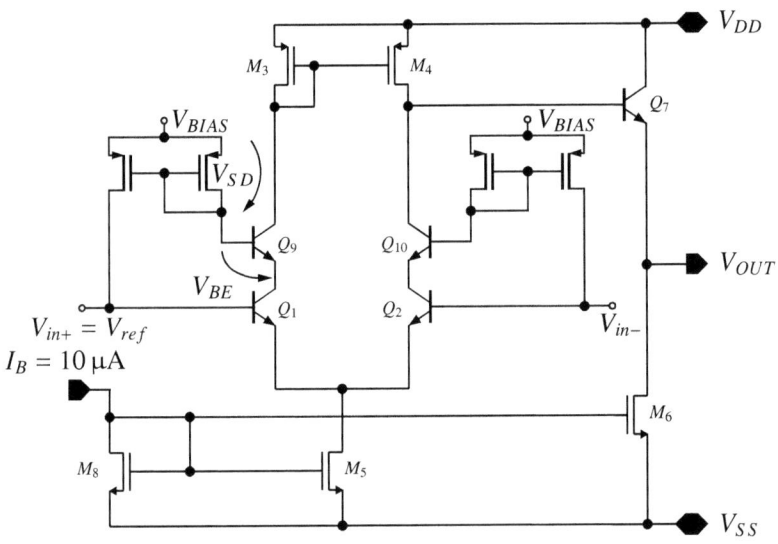

Abbildung 4.7: Transimpedanzverstärker mit Basisstrom-Kompensation

Die Spannung V_{BIAS} wird wie folgt bestimmt: Am positiven Verstärkereingang liegt die Referenzspannung mit 2.1 V. Die Basis-Emitterspannung der Transistoren in der vorhandenen Technologie beträgt rund $V_{BE} = 0.8$ V. Da die Spannung am Kollektor der Transistoren Q_1 und Q_2 mindestens V_{ref} betragen muss, damit diese im normal-aktiven Bereich arbeiten, ergibt sich die Spannung an den Drainanschlüssen der Stromspiegel zu $V_{Drain} = V_{ref} + V_{BE} = 2.1$ V $+ 0.8$ V $= 2.9$ V.

Die Spannung V_{SD} ergibt sich mit den Überlegungen aus Tabelle 4.2, die von [San06] vorgeschlagen wurden. In Tabelle 4.2 werden Heuristiken für integrierte analoge Verstärkerschaltungen dargestellt, die zur Dimensionierung genutzt werden können. Dadurch kann die Dimensionierung so erfolgen, dass gewisse Eigenschaften begünstigt werden, z.B. geringes Rauschen oder große Bandbreite. Mit diesen Heuristiken kann nun die Spannung V_{BIAS} berechnet werden. Damit beim Stromspiegel der Basisstrom-Kompensation ein möglichst geringer Unterschied zwischen dem Referenzstrom und dem gespiegelten Strom auftritt (geringes Offset), wird $V_{DSAT} = 0.2\,\text{V}$ gewählt. Mit $V_{TH} = 0.9\,\text{V}$ ergibt sich $V_{SD} = V_{DSAT} + V_{TH} = 0.2\,\text{V} + 0.9\,\text{V} = 1.1\,\text{V}$ und damit $V_{BIAS} = V_{ref} + V_{BE} + V_{SD} = 2.1\,\text{V} + 0.8\,\text{V} + 1.1\,\text{V} = 4\,\text{V}$.

Parameter	große Verstärkung geringes Rauschen geringes Offset	große Bandbreite
L	groß, z.B. $3..5 \times L_{min}$	klein, z.B. L_{min}
$V_{DSAT} = V_{GS} - V_{TH}$	0.2 V	0.5 V

Tabelle 4.2: Heuristiken zur Dimensionierung

Die nun entworfene Schaltungstopologie hat ein gravierendes Problem: bei Änderung der Temperatur oder bei Betriebsspannungsschwankungen $V_{DD} = 5\,\text{V} \pm \Delta V_{DD}$ verlassen die Transistoren Q_1 und Q_2 den normalen Betriebsbereich, da die Basis-Kollektor-Diode nicht mehr in Sperrrichtung betrieben wird. Das hat zur Folge, dass die in Abbildung 4.7 gezeigte Schaltung nicht mehr als Verstärker genutzt werden kann.
Um ein Verlassen der normalen Arbeitsbereiche der Eingangs-Bipolartransistoren zu verhindern, wird im nächsten Entwurfsschritt ein Regelkreis hinzugefügt, siehe Abbildung 4.8. Diese Regelung ist so konzipiert, dass das Kollektorpotential des Differenzverstärkers konstant auf V_{ref} gehalten wird. Damit wird sichergestellt, dass die Basis-Kollektor-Diode der Eingangstransistoren Q_1 und Q_2 in Sperrrichtung bleiben.
Knoten 1 zwischen den Kaskodetransistoren dient als Sensorknoten. Dieser wird so geregelt, dass das Potential an Knoten 1 konstant bleibt. Der

KAPITEL 4. ENTWURF EINES BREITBAND-SIGNALVERSTÄRKERS

Ausgang des Regel-OPV wird mit der Basisstrom-Kompensation verbunden und schließt so den Regelkreis.

Der Vorteil dieser Konfiguration ist, dass die Generierung der V_{BIAS}-Spannung überflüssig wird. Das Referenzpotential, welches sich zwischen den Kaskodetransistoren Q_1, Q_9 oder Q_2, Q_{10} einstellen soll, kann am positiven Eingang des Regel-OPV gewählt werden (hier: V_{ref}). Bandbreitenanforderungen an die Regel-Operationsverstärker gibt es nicht, da der Regelkreis selbst nur eine vergleichsweise langsame Gleichstromregelung darstellt. Anforderungen sind aber eine große Verstärkung, möglichst niedrige Leistungsaufnahme und minimale Fläche. Damit kann die Dimensionierungsvorschrift aus Tabelle 4.2 genutzt werden: $V_{dsat} = 0.2\,\text{V}$ und $L = 3 \times L_{min}$.

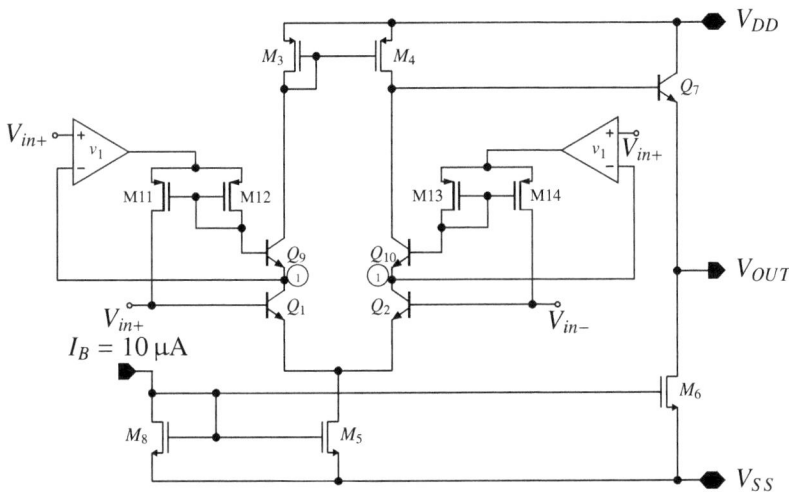

Abbildung 4.8: Transimpedanzverstärker mit Regelung

Als Regel-OPV in Abbildung 4.8 wird ein einfacher Miller-Operationsverstärker mit Sourcefolger genutzt, damit die niederohmige Last, der Stromspiegel am Source (M_{11}, M_{12} und M_{13}, M_{14}), ($R_{Last} = 1/g_m$) die Verstärkung nicht verringert (Abbildung 4.9).

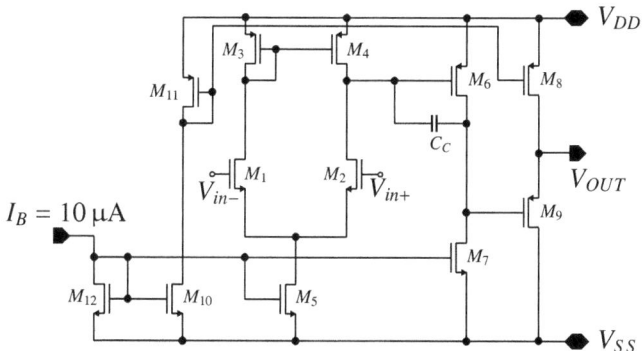

Abbildung 4.9: Regel-Operationsverstärker

4.3.3 Dimensionierung der Topologie

Stromaufteilung

Stromaufteilung im TIA: Der erste Schritt bei der Dimensionierung der Schaltungen aus Abbildung 4.8 und Abbildung 4.9 betrifft die Festlegung der Stromaufteilung der einzelnen Strompfade. Dabei ist zu beachten, dass der eigentliche TIA eine sehr große Bandbreite aufweisen muss und die Regel-Operationsverstärker langsam sein können. Die Gesamtstromaufnahme darf $I_{ges} = 1.5\,\text{mA}$ nicht überschreiten. Deshalb wird vorerst für je einen Regel-OPV ein Strom von $I_{Regel-OP} = 200\,\mu\text{A}$ festgelegt. Damit bleiben für den TIA selbst noch $I_{TIA} = 1.1\,\text{mA}$ übrig.

Bei der Stromaufteilung im eigentlichen TIA muss beachtet werden, dass die Differenzstufe für die Verstärkung der Schaltung verantwortlich ist. Der Ausgangswiderstand dieser ist somit sehr groß. Durch diesen großen Ausgangswiderstand wird in der Schaltung bei korrekter Dimensionierung die dominante Polstelle f_d gebildet.

Der Emitterfolger hat eine Spannungsverstärkung von eins und somit

niedrigen Ausgangswiderstand, dieser bildet den nichtdominanten Pol f_{nd}. Damit f_{nd} und f_d möglichst weit auseinander liegen und $f_{nd} \gg f_d$, bekommt der Emitterfolger doppelt so viel Strom wie ein Zweig der Differenzstufe, d.h. $I_{Emitterfolger} = I_{M6} = 550\,\mu A$. Der Strom, der für den Transistor M_5 übrig bleibt, ist demnach ebenfalls $I_{M5} = 2 \cdot I_{Q1,2} = 550\,\mu A$.
Diese Aufteilung hat den Vorteil, dass bei kleinen Drainströmen die Verstärkung eines MOS-Transistors steigt, beim Bipolartransistor bleibt sie zumindest konstant [San06, AH02]. Die *Rauschleistungsdichte* nimmt aber bei beiden Transistortypen mit sinkendem Strom ab [GMHL01]. Der Nachteil ist, dass aber auch die Bandbreite verringert wird [LS94].
Stromaufteilung im Regel-OPV: Die Aufteilung erfolgt nach der Regel, dass die Differenzstufe die langsamste Stufe ist und den dominanten Pol erzeugt ($I_{M5} = 30\,\mu A$). Die zweitschnellste Stufe ist die Sourceschaltung, bestehend aus M_6 und M_7 ($I_{M7} = 50\,\mu A$). Sie erzeugt den ersten nichtdominanten Pol. Die schnellste Stufe ist der Sourcefolger, bestehend aus M_8 und M_9 ($I_{M8} = 100\,\mu A$). Damit bleibt für M_{10} nur noch $I_{M10} = 10\,\mu A$ übrig.

Geometrische Dimensionierung

Dimensionierung der MOS-Transistoren im TIA: Auf dem Gesamtchip wird ein Strom von $10\,\mu A$ an alle Schaltungsblöcke verteilt, auch an den TIA. Für M_8 wurde $L = L_{min}$ und $V_{DSAT} = 0.2\,V$ festgelegt. Die Länge wird minimal gewählt, da Strommatching zwischen den Transistoren M_8, M_5 und M_6 eine untergeordnete Rolle spielt. Die Stromsenke M_6 am Ausgang des Transimpedanzverstärkers muss aufgrund der hohen Bandbreitenanforderung sehr klein ausgelegt werden, d.h. $L_{M6} = L_{min}$, damit die parasitären Kapazitäten am Ausgangsknoten den nichtdominanten Pol nicht in Richtung der dominanten Polstelle verschieben und dadurch eine geringere Stabilitätsreserve verursacht wird. Die Weite ergibt sich aus dem Stromverhältnis I_{M8}/I_{M6}.

Bei der Stromspiegellast M_3, M_4 der Differenzstufe muss ein Kompromiss gefunden werden, da diese den Strom möglichst genau spiegeln soll (geringes Offset, große Verstärkung), aber gleichfalls die kapazitive Belastung am Ausgangsknoten des Differenzverstärkers durch die MOS-Transistoren M_3 und M_4 nicht zu groß sein darf (hohe Geschwindigkeit). Ein guter Kompromiss zwischen Matching und Geschwindigkeit ist die Wahl der Länge $L_{M3,4} = 1.5 \cdot L_{min}$. Die Weite $W_{3,4}$ wird nun während der Simulation solange variiert, bis eine Sättigungsspannung der Transistoren von $V_{dsat} = 0.5$ V (Ziel: große Bandbreite) erreicht wird.

Für die Transistoren der Basisstrom-Kompensation $M_{11}, M_{12}, M_{13}, M_{14}$ gelten die gleichen Überlegungen wir für die Stromspiegellast des Differenzverstärkers ($L = 1.5 \cdot L_{min}$). Dadurch werden die Signalknoten der Bipolartransistoren Q_1 und Q_2 möglichst gering kapazitiv belastet, aber der Strom für die Basisstrom-Kompensation ist dennoch genau genug. Die Weiten werden wieder durch parametrische Simulation ermittelt, bis die Sättigungsspannung einen Wert von $V_{dsat} = 0.2$ V (Ziel: große Verstärkung) erreicht hat.

Zuletzt wird die Länge des Transistors M_5 gewählt. Dabei gelten die gleichen Überlegungen wie für den Transistor M_6, da der Knoten, an dem die Differenzstufe mit M_5 verbunden ist, nur wenig kapazitiv belastet werden darf ($L_5 = L_{min}$). Die Weite W_5 ergibt sich wieder aus dem Stromverhältnis der Transistoren I_{M5}/I_{M8}.

Dimensionierung der MOS-Transistoren im Regel-OPV: Die Längen der Stromspiegel können hier mit $L = 3 \times L_{min}$ festgelegt werden, da hier keine Geschwindigkeitsanforderungen an die Schaltung selbst gestellt werden. Die Weiten werden aus den Stromverhältnissen berechnet. Die Längen der Transistoren M_1, M_2, M_6, M_9 werden für eine große Verstärkung auf $L = 3 \times L_{min}$ (großer Ausgangswiderstand r_{ds}) festgelegt. Die Weiten sind wieder durch eine parametrische Simulation zu ermitteln, bis eine Sättigungsspannung von $V_{dsat} = 0.2$ V (Ziel: große Verstärkung) erreicht wird.

Die Kapazität C_C wird so lange vergrößert, bis der Phasenrand der offenen Schleife $PM \geq 60°$ beträgt.

4.4 Verifikation und Frequenzgangskompensation

Zur Verifikation der Schaltung aus Abbildung 4.8 wird die Testumgebung aus Abbildung 4.4 genutzt und erweitert (siehe Abbildung 4.10). Diese Testumgebung sollte der späteren Realität möglichst genau entsprechen und demnach exakt modelliert werden. Dazu gehört auch eine Modellierung der Lastverhältnisse am Ein- und Ausgang.

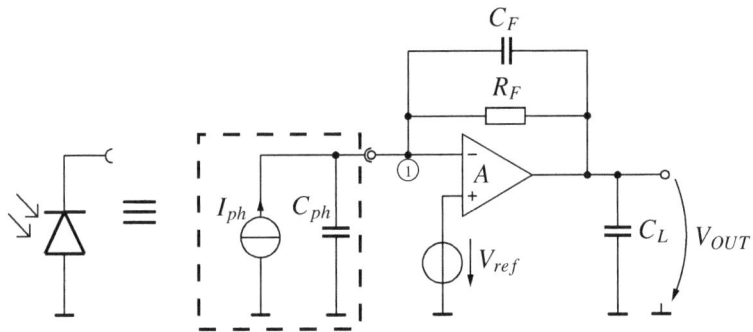

Abbildung 4.10: Simulationsumgebung des Transimpedanzverstärkers

Die Fotodiode des Transimpedanzverstärkers wird durch eine Stromquelle I_{ph} mit parallelgeschalteter Kapazität C_{ph} modelliert. Der Dunkelstrom oder Leckstrom und Serienwiderstände werden aufgrund der hohen Dotierung der p- und n-Regionen vernachlässigt [Zim10]. Das Ausgangssignal soll laut Spezifikation auf eine Referenz von 2.1 V bezogen werden, deshalb wird eine Referenzspannung von $V_{ref} = 2.1\,\text{V}$ am positiven Eingang des Transimpedanzverstärkers gewählt. R_F und C_F bilden

KAPITEL 4. ENTWURF EINES
BREITBAND-SIGNALVERSTÄRKERS

das Rückkopplungs-Netzwerk. Mit dem Widerstand R_F wird die eigentliche Verstärkung oder Transimpedanz eingestellt. Die Kapazität C_F wird als Kompensationskapazität zur Verbesserung des Stabilitätsverhaltens des Verstärkers verwendet. C_L bildet die Eingangs-/Lastverhältnisse der nachfolgenden Stufe ab, die in erster Näherung als rein kapazitiv angenommen werden können.

Bei der Dimensionierung der Kompensationskapazität C_F muss beachtet werden, dass der TIA ein möglichst breitbandiges Frequenzverhalten zeigt, aber dennoch keine Instabilitäten aufweist. Eine Analyse des Netzwerkes aus Abbildung 4.10 ergibt die Knotengleichung für Knoten 1:

$$\text{Knoten \textcircled{1}}: \quad 0 = -I_{ph} + sC_{ph}V_1 + (\frac{1}{R_F} + sC_F)(V_1 - V_{OUT}) \quad (4.4)$$

und für V_{OUT} gilt unter Kleinsignalbedingung (V_{ref} kurzgeschlossen):

$$V_{OUT} = -A(s)V_1. \quad (4.5)$$

Die Übertragungsfunktion $\frac{V_{OUT}}{I_{ph}}$ ergibt sich damit zu

$$\frac{V_{OUT}}{I_{ph}} = \frac{-A(s) \cdot R_F}{1 + s(C_F + C_{ph})R_F + A(s) \cdot (1 + sC_F R_F)}. \quad (4.6)$$

Modelliert man den Operationsverstärker als System erster Ordnung

$$A(s) = \frac{A_0}{(1 - \frac{s}{s_p})} \quad (4.7)$$

mit s_p als Polstelle des Verstärkers, so wird aus der Übertragungsfunktion aus Gleichung 4.6

$$\frac{V_{OUT}}{I_{ph}} = -\frac{A_0 R_F s_p}{(1 + A_0)s_p + s(-1 + (1 + A_0)C_F R_F s_p + C_{ph} R_F s_p) - s^2((C_F + C_{ph})R_F)}. \quad (4.8)$$

Die Berechnung der Polstellen zeigt, dass diese unter gewissen Umständen komplex werden können. Dieser Fall tritt beim Entwurf von schnellen Breitbandverstärkern, wie dies auch der TIA ist, sehr häufig auf, da hier die Schaltung die größte Bandbreite erzielt. Die Polstellen lauten symbolisch:

$$s_{\infty 1,2} = \frac{((1 + A_0)C_F + C_{ph})R_F s_p - 1 \pm \sqrt{4(1 + A_0)(C_F + C_{ph})R_F s_p + ((C_F(1 + A_0) + C_{ph})R_F s_p - 1)^2}}{2(C_F + C_{ph})R_F}.$$

$$(4.9)$$

KAPITEL 4. ENTWURF EINES
BREITBAND-SIGNALVERSTÄRKERS

Aus Gleichung 4.9 kann eine optimale Kapazität C_{Fopt} bestimmt werden, die dafür sorgt, dass Real- und Imaginärteil der komplexen Polstelle gleich groß sind (45°-Achse). Diese Wahl zielt genau auf das Optimierkriterium aus Unterabschnitt 2.4.3 ab, bei dem die Bandbreite des TIA maximal wird und gleichzeitig die Zeitbereichsantwort auf ein Rechtecksignal möglichst wenig Überschwingen zeigt. Damit ist auch die Resonanzüberhöhung im Frequenzgang sehr gering. Es gilt $C_F = C_{Fopt}$, wenn $Re\{s_\infty\} = Im\{s_\infty\}$, vgl. auch [Zim10]:

$$C_{Fopt} = -\frac{C_{ph}R_F s_p + \sqrt{-1 - 2A_0 C_{ph} R_F s_p}}{(1 + A_0) R_F s_p} \quad \text{mit} \quad s_p \in \mathbb{R}^- \quad (4.10)$$

$$\approx -\frac{C_{ph}}{A_0} + \sqrt{-\frac{2C_{ph}}{A_0 R_F s_p}}. \quad (4.11)$$

Der TIA aus Abbildung 4.8 besitzt folgende dominante Polstelle s_p und Verstärkung A_0 nach Simulation des Verstärkers in offener Schleife:

$$s_p = -238.7 \cdot 10^6 \, \text{s}^{-1} \quad (4.12)$$
$$A_0 = 296. \quad (4.13)$$

Mit den Werten für die Testumgebung aus Abbildung 4.10 ($C_L = 1\,\text{pF}$, $C_{ph} = 500\,\text{fF}$, $R_F = 15600\,\Omega$) ergibt sich eine optimale Kapazität C_{Fopt} von:

$$C_{Fopt} = 28.4\,\text{fF}. \quad (4.14)$$

Der Frequenzgang und das PN-Diagramm der Übertragungsfunktion mit dem einpoligen Verstärkermodell $A(s)$ aus Gleichung 4.7 bestätigt die Überlegungen:

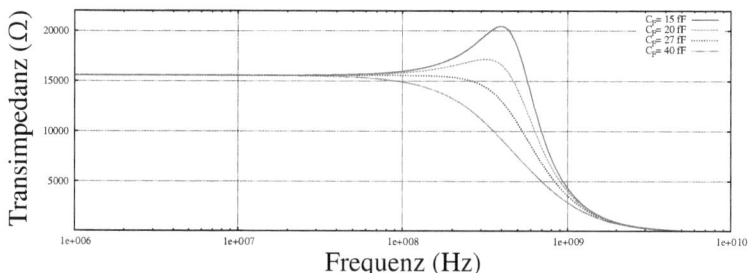

Abbildung 4.11: Frequenzgang des Transimpedanzverstärkers mit verschiedenen Kompensationskapazitäten C_F

Abbildung 4.11 zeigt den Frequenzgang des TIA aus Abbildung 4.10 mit dem einpoligen Verstärkermodell aus Gleichung 4.7 für verschiedene Kapazitätswerte. Es zeigt sich, dass ein sehr flacher Frequenzgang (keine Resonanzüberhöhung) bei maximaler Bandbreite mit einer Kompensationskapazität von $C_F = 28\,\text{fF}$ erreicht wird.

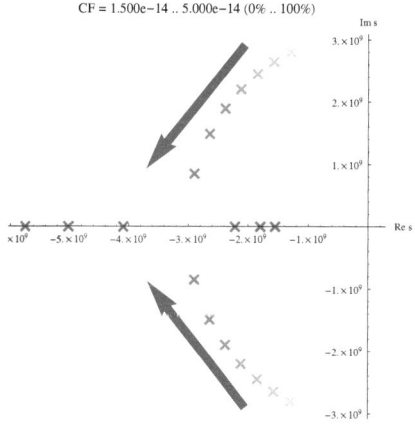

Abbildung 4.12: Polstellen des Transimpedanzverstärkers

Dies entspricht auch den theoretischen Überlegungen. Das PN-Diagramm aus Abbildung 4.12 zeigt die Polstellenlage in der komplexen Ebene. Die

KAPITEL 4. ENTWURF EINES BREITBAND-SIGNALVERSTÄRKERS

Polstellen liegen genau auf der 45°-Achse, wenn die optimale Kompensationskapazität $C_F = C_{Fopt}$ erreicht wird. Bei Vergrößerung der Kapazität C_F verschieben sich die Eigenwerte in Richtung reelle Achse. Ein Problem wird jedoch in Gleichung 4.11 sofort ersichtlich. Die Berechnungen sind ungültig, wenn der innere Operationsverstärker nicht nur eine dominante Polstelle besitzt, sondern mehrere, welche sogar komplexe Werte besitzen. Wenn die dominanten Polstellen $s_{p1,2}$ des inneren Operationsverstärkers komplex werden (dies ist im Übrigen sehr häufig bei schnellen Breitbandverstärkern aufgrund innerer parasitärer Schleifen der Fall), gibt es keine optimale reelle Kompensationskapazität C_{Fopt} mehr.

Die einzige Möglichkeit, die besteht, ist die Anwendung der Kompensationsidee aus Unterabschnitt 2.5.2. Die Übertragungsfunktion der offenen Schleife G_{OL} ergibt sich dann unter der Annahme, dass der innere Verstärker $A(s)$ eine Übertragungsfunktion der Gestalt von

$$A(s) = \frac{A_0}{(1 - \frac{s}{s_{p1}})(1 - \frac{s}{s_{p1}^*})(1 - \frac{s}{s_{p2}})} \quad (4.15)$$

aufweist, bei der s_{p1}^* der konjugiert komplexe Pol zu s_{p1} ist, zu:

$$G_{OL} = G_V G_R = \frac{A_0}{(1 - \frac{s}{s_{p1}})(1 - \frac{s}{s_{p1}^*})(1 - \frac{s}{s_{p2}})} \cdot \frac{1 + sC_F R_F}{1 + s(C_F + C_{ph})R_F}. \quad (4.16)$$

Nun kann mit Hilfe eines großen C_F ein dominanter Pol ($-\frac{1}{(C_F + C_{ph})R_F}$) erzeugt werden, der die Wirkung der komplexen Polstellen im Frequenzgang der offenen Schleife unter die 0 dB-Achse verschiebt und somit den Phasenrand erhöht.

Nachteilig an dieser Methode ist die nun geringe Bandbreite der Gesamtschaltung. Selbst der Einsatz eines Schaltungsoptimierers [Mun] und Optimierung aller Bauelementeparameter brachte keinen weiteren Erfolg zur Vergrößerung der Bandbreite. Deshalb wird an dieser Stelle auf eine Standardkompensation verzichtet und zum unteren Teil im Entwurfsablauf aus Abbildung 4.1 übergegangen - dem *Bottom-Up-Tuning* mit Hilfe der in Kapitel 3 beschriebenen Methoden.

4.5 Bottom-Up-Tuning des Transimpedanzverstärkers

In diesem Unterabschnitt wird der entworfene unkompensierte Transimpedanzverstärker durch automatisierte Topologiemodifikation und Eigenwertverschiebungen so optimiert, dass er die geforderte Bandbreitenspezifikation erfüllt.

4.5.1 Verhalten des unkompensierten TIA

Ausgangspunkt ist der unkompensierte TIA mit dem in Abbildung 4.13 dargestellten Frequenzgang der geschlossenen Schleife, dem Pol-Nullstellen-Diagramm und der Sprungantwort.
Die Simulation wurde in der Testumgebung aus Abbildung 4.10 durchgeführt, wobei das System in der Transientsimulation mit einer Rechteckfolge der Periodendauer $T_P = 100\,\text{ns}$ und dem Tastverhältnis $T_V = 0.5$ angeregt wurde, die Amplitude ist $I_{in} = 0...10\,\mu\text{A}$. Die Referenzspannung beträgt $V_{ref} = 2.1\,\text{V}$. Es ist zu erkennen, dass der Verstärker an sich stabil ist, aber trotzdem abklingendes Schwingverhalten aufgrund der konjugiert komplexen Polstellen mit negativem Realteil zeigt. Dies zeigt sich ebenso an der Resonanzüberhöhung im Frequenzgang.
Im Weiteren wurden Power-Supply-Rejection-Ratio (PSRR) und Rauschleistung an einem $1\,\Omega$ Widerstand (@ $\Delta f = 1\,\text{Hz}$ Bandbreite) bei $10\,\text{kHz}$ und Eingangsreaktanz gemessen, um diese Größen später vergleichen zu können, siehe Abbildung 4.14.

KAPITEL 4. ENTWURF EINES BREITBAND-SIGNALVERSTÄRKERS

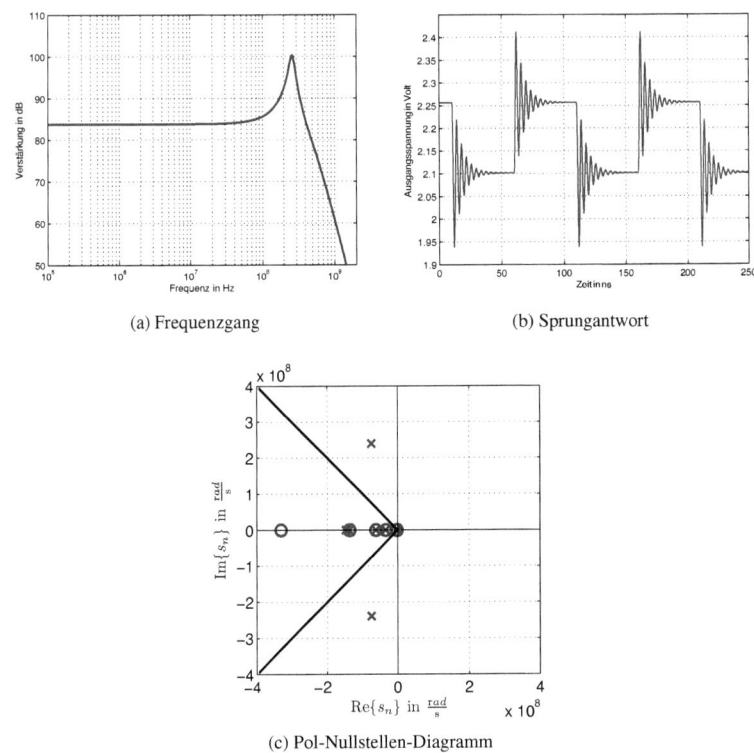

(a) Frequenzgang (b) Sprungantwort

(c) Pol-Nullstellen-Diagramm

Abbildung 4.13: Simulationsergebnisse des unkompensierten Transimpendanzverstärkers

Mit den Zusammenhängen

$$PSRR = \left.\frac{v_{out}}{v_{dd}}\right|_{i_{in}=0} \qquad (4.17)$$

Power-Supply-Rejection-Ratio

KAPITEL 4. ENTWURF EINES
BREITBAND-SIGNALVERSTÄRKERS

$$\overline{u_n^2} = \int_B S_u(f)\,df \approx S_u(f)\,\Delta f = P_{noise@\Delta f} \cdot R \qquad (4.18)$$

effektives Rauschspannungsquadrat

wobei $\quad P_{noise}\,[dBm] = 10 \cdot \log(P_{noise@\Delta f}) + 30\,\text{dB} \qquad (4.19)$

$S_u(f)$ ist die spektrale Rauschleistungsdichte der Spannung und kann bei Betrachtung kleiner Bandbreiten (hier 1 Hz) als konstant angesehen werden. $P_{noise@\Delta f}$ ist die Rauschleistung bei einer Bandbreite Δf, die an einem Widerstand R umgesetzt wird [Wup96a, GMHL01].

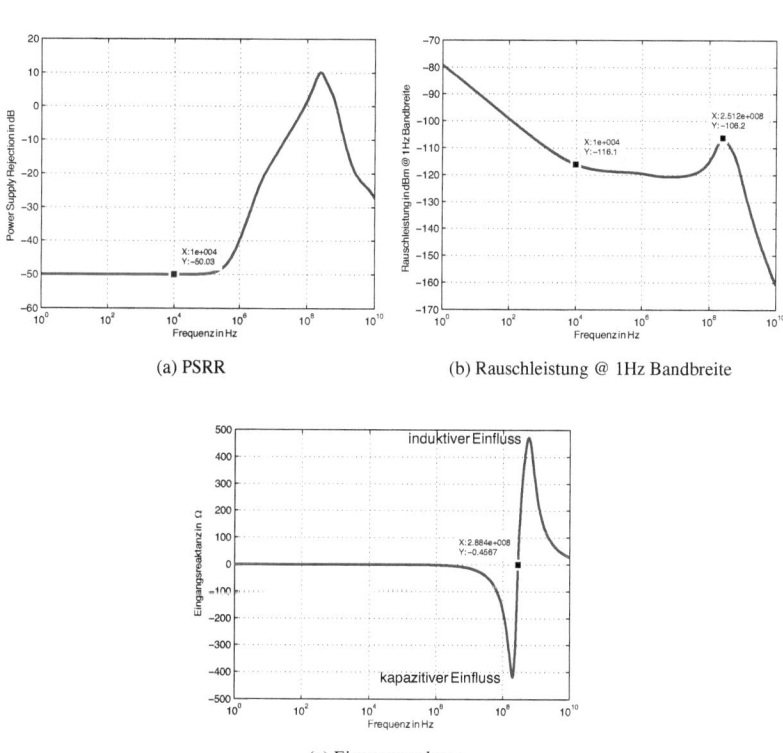

(a) PSRR

(b) Rauschleistung @ 1Hz Bandbreite

(c) Eingangsreaktanz

Abbildung 4.14: Weitere Simulationsergebnisse

KAPITEL 4. ENTWURF EINES BREITBAND-SIGNALVERSTÄRKERS

Aus der Simulation ergaben sich folgende Werte

Parameter	Wert
Power Supply Rejection Ratio bei 10 kHz	−50 dB
Rauschleistung ($\Delta f = 1\,\text{Hz}$) an $1\,\Omega$ bei 10 kHz	−116.1 dBm
Eingangskapazität bei 200 MHz	1.87 pF

Aus Abbildung 4.14 (c) wird ersichtlich, dass die Gesamtschaltung am Eingang bis ca. 280 MHz kapazitiven Einfluss zeigt und danach induktiven Einfluss. Somit lässt sich die Eingangskapazität, welche frequenzabhängig ist, auch nur bis 280 MHz darstellen, siehe Abbildung 4.15. Als späterer Vergleichspunkt wurde hier die 200 MHz Marke gewählt.

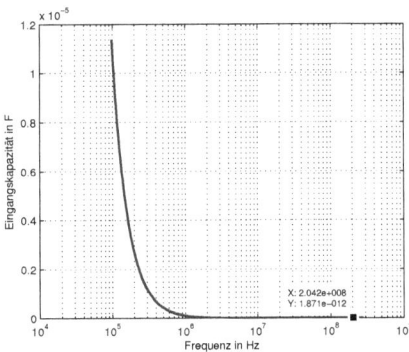

Abbildung 4.15: Frequenzabhängige Eingangskapazität des Transimpedanzverstärkers

Im folgenden Unterabschnitt soll der entworfene Transimpedanzverstärker mit Hilfe der in den vorangegangenen Kapiteln beschriebenen Methoden kompensiert werden. Diese Ergebnisse werden danach mit denen der Standardkompensation (Kapazität C_F parallel zu R_F, wie in Abbildung 4.10) verglichen werden. Wie schon diskutiert, gibt es keine optimale Kapazität

C_{Fopt}, jedoch wurde hier ein Kapazitätswert gewählt, der einen Kompromiss zwischen Bandbreite und der Resonanzüberhöhung im Frequenzgang bildet. Dabei erzielte der TIA folgende Werte:

Parameter	Spezifikation	Standardkompensation ($C_F = 75\,\text{fF}$)
3dB Bandbreite	$\geq 250\,\text{MHz}$	$245\,\text{MHz}$
Slew Rate (steigend)	$\geq 400\,\text{V}/\mu\text{s}$	$1000\,\text{V}/\mu\text{s}$
Slew Rate (fallend)	$\leq -400\,\text{V}/\mu\text{s}$	$-530\,\text{V}/\mu\text{s}$
Resonanzüberhöhung	$\leq 1\,\text{dB}$	$0.67\,\text{dB}$

4.5.2 Kompensation des TIA mit dem Koordinatensuchverfahren

Nach Berechnung der Eigenwerte des TIA stellte sich heraus, dass die Eigenwerte

$$s_{p1} = -4.73 \times 10^8 - j \cdot 1.26 \times 10^9 \quad \text{oder} \quad s_{p2} = -4.73 \times 10^8 + j \cdot 1.26 \times 10^9 \tag{4.20}$$

für das dominante Systemverhalten verantwortlich sind. Diese sind nun mit Hilfe des Koordinatensuchverfahrens zu optimieren.

Nach Einbau der Kapazitäten wird die Empfindlichkeit der ausgewählten Polstelle bezüglich der eingefügten Kapazitäten bestimmt. Für die vier empfindlichsten Kapazitäten ist die Rankingliste in der folgenden Tabelle aufgeführt (siehe auch Abbildung 4.17):

Kompensationselement	Empfindlichkeit
CF (Cnewtiainn$$tia$out)	$-3.73 \times 10^{21} - j \cdot 5.26 \times 10^{21}$
C1 (Cnew$NETZ0100$OPV$I5$$NETZ080OPVI5)	$-2.67 \times 10^{21} - j \cdot 5.20 \times 10^{21}$
C2 (Cnew$NETZ0100$OPV$I5$$NETZ089OPVI5)	$-5.00 \times 10^{21} - j \cdot 2.34 \times 10^{21}$
C3 (Cnew$NETZ0100$OPV$I5$$NETZ95OPVI5)	$-4.36 \times 10^{21} - j \cdot 2.67 \times 10^{21}$

KAPITEL 4. ENTWURF EINES
BREITBAND-SIGNALVERSTÄRKERS

Kapazitäten, die einen negativen Einfluss auf die Polstelle haben, siehe Abbildung 3.4, werden gelöscht und aus der Netzliste wieder entfernt, wie dies im folgenden Quelltextausschnitt zu erkennen ist.

```
Cnew$0$$na$R0$I8$I5 is deleted...negative or zero influence
Cnew$0$$na$R1$I8$I5 is deleted...negative or zero influence
Cnew$0$$na$R3$I5 is deleted...negative or zero influence
...
Cnew$VREF$$VTAIL is deleted...negative or zero influence
```

Am Beispiel des Transimpedanzverstärkers bedeutet dies, dass die Kapazität *Cnew$ tia$ inn$ $ tia$ out*, welche gleichzeitig auch durch C_F in Abbildung 4.10 dargestellt wird, die empfindlichste Kapazität im System ist und diese mit dem Ein- und Ausgang des TIA verbunden wird. Dies bestätigt auch die Überlegung aus Abschnitt 4.4 und Unterabschnitt 2.5.2 zur klassischen Kompensation.

Im nächsten Schritt wird mit Hilfe des Koordinatensuchverfahrens ein Optimum des ausgewählten Eigenwertes $s_{p1,2}$ in Richtung negative Realteile gesucht. Die Koordinaten sind die einzelnen Kapazitäten, die noch im Gleichungssystem enthalten und nach der Empfindlichkeit sortiert sind. Für ein späteres Layout ist es wichtig, dass ein berechneter Kapazitätswert eine Obergrenze nicht überschreitet, damit der Flächenverbrauch auf dem Chip nicht zu groß wird. Deshalb wurde für den Entwurf des TIA eine maximale Einzelkapazität von $C_{max} = 1 \times 10^{-12}$ F festgelegt.

In Abbildung 4.16 sind ausgewählte Spuren der empfindlichsten Kapazitäten während des Optimierungsprozesses dargestellt. Dabei bewegen sich die Spuren bei Vergrößerung der Kapazität von hell nach dunkel. Sehr schön ist hier zu erkennen, wie sich die fokussierte Polstelle in den Bereich der relativen Stabilität verschiebt (Unterabschnitt 2.4.3).

KAPITEL 4. ENTWURF EINES
BREITBAND-SIGNALVERSTÄRKERS

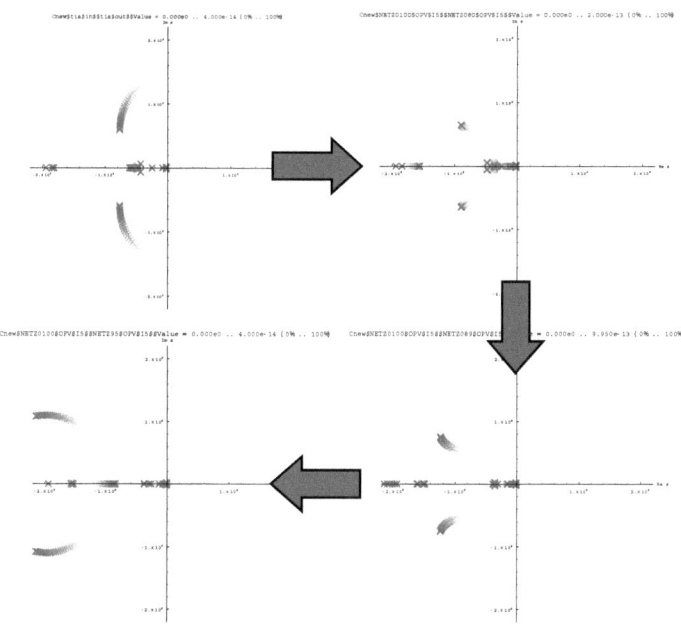

Abbildung 4.16: Eigenwertspuren der empfindlichsten Kapazitäten
(Bewegungsrichtung: hell ⟶ dunkel)

Im ersten Bild (links oben) von Abbildung 4.16 sieht man die Auswirkung der dominanten Kapazität zwischen Ein- und Ausgang des Transimpedanzverstärkers, die auch bei der Standardkompensation genutzt wird. Hier verschiebt sich die Polstelle unter die 45°-Achse der komplexen Ebene für eine bessere Stabilität. Die Bandbreite wird jedoch gleichzeitig verringert, da der Abstand zum Ursprung der komplexen Ebene kleiner geworden ist. Damit wird klar, dass die Kompensation aus Unterabschnitt 2.5.2 die Bandbreite nicht weiter verbessern kann. Die Koordinatensuche kann dieses Dilemma jedoch auflösen, Abbildung 4.16 (unten links). Durch weitere Kapazitäten im Netzwerk lässt sich die Bandbreite wieder vergrößern bei gleichzeitiger Verbesserung der Stabilitätseigenschaften. Der Algorith-

KAPITEL 4. ENTWURF EINES BREITBAND-SIGNALVERSTÄRKERS

mus liefert am Ende eine Liste der dimensionierten Kapazitäten nach Empfindlichkeit sortiert:

```
{Cnew$tia$in$$tia$out->4.*10^-14,Cnew$NETZ0100$OPV$I5$$NETZ080$OPV$I5->1.6*10^-13,
    Cnew$NETZ0100$OPV$I5$$tia$in->1.*10^-12,Cnew$NETZ0100$OPV$I5$$NETZ089$OPV$I5
    ->1.*10^-12,Cnew$NETZ0100$OPV$I5$$NETZ040$I24$OPV$I5->1.*10^-12,
...
Cnew$NETZ040$I25$OPV$I5$$NETZ136$OPV$I5->5.*10^-15,Cnew$NETZ25$I25$OPV$I5$$tia$in
    ->3.5*10^-14,Cnew$NETZ044$I25$OPV$I5$$NETZ080$OPV$I5->6.5*10^-14,
Cnew$NETZ040$I25$OPV$I5$$NETZ080$OPV$I5->1.5*10^-14,
Cnew$NETZ032$I25$OPV$I5$$NETZ106$OPV$I5->5.*10^-15}
```

Für das spätere Layout werden nur die zehn empfindlichsten Kapazitäten, d.h. die Kapazitäten, die die größten Veränderungen in der komplexen Ebene hervorrufen, ausgewählt und eingebaut. Sie besitzen folgende Werte:

Kapazität	Wert	Kapazität	Wert
C1	160 fF	C6	1 pF
C2	1 pF	C7	180 fF
C3	1 pF	C8	300 fF
C4	1 pF	C9	120 fF
C5	1 pF	CF	40 fF

Mit dem Einsetzen dieser Kapazitäten in den Transimpedanzverstärker ergibt sich die in Abbildung 4.17 modifizierte Schaltung. Die Kapazität C_F wird in den folgenden Schaltungen des TIA nicht mehr abgebildet, da diese zur besseren Übersichtlichkeit durch die Kapazität C_F in Abbildung 4.10 repräsentiert wird und der Kompensationskapazität der Standardkompensation für Transimpedanzverstärker entspricht.

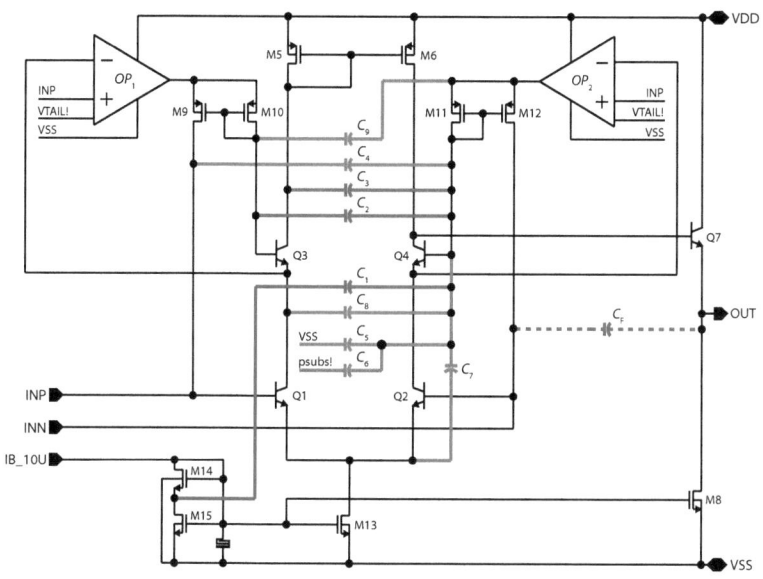

Abbildung 4.17: Transimpedanzverstärker nach Kompensation mit dem Koordinatensuchverfahren

4.5.3 Simulationsergebnisse des Breitbandverstärkers nach der Kompensation

Nach Simulation des Frequenzganges mit Hilfe der in Abbildung 4.10 dargestellten Verifikationsumgebung ergibt sich der in Abbildung 4.18 dargestellte Verlauf. Dabei wurden die Frequenzgänge des unkompensierten und des nach dem Standardverfahren kompensierten Verstärkers hinzugefügt.

KAPITEL 4. ENTWURF EINES BREITBAND-SIGNALVERSTÄRKERS

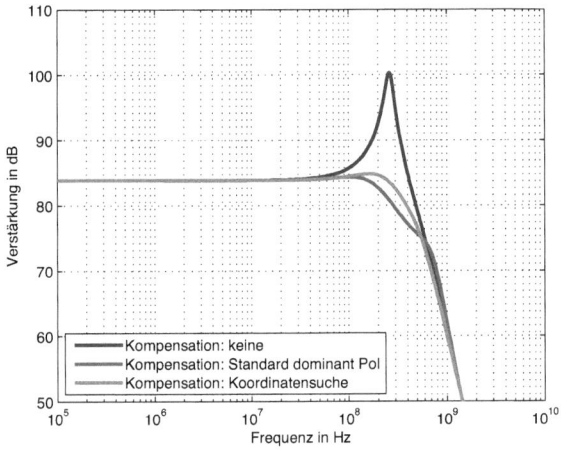

Abbildung 4.18: Frequenzgang nach Liniensuchverfahren

Es ist zu erkennen, dass durch automatische Kompensation mit dem Koordinatensuchverfahren eine Steigerung der Bandbreite gegenüber der Standardkompensation erzielt werden konnte (vgl. Tabelle 4.3). Gleichzeitig hat sich aber das Stabilitätsverhalten (Resonanzüberhöhung im Frequenzgang) gegenüber der unkompensierten Schaltung verbessert.

Parameter	Standardkompensation ($C_F = 75\,\text{fF}$)	Kompensation: Koordinatensuche
3dB Bandbreite	245 MHz	362 MHz
Slew Rate (steigend)	1000 V/µs	1100 V/µs
Slew Rate (fallend)	−530 V/µs	−502 V/µs
Resonanzüberhöhung	0.67 dB	0.9 dB
Gesamtkapazität	75 fF	5.8 pF

Tabelle 4.3: Simulationsergebnisse im Vergleich

Dies zeigt sich auch im Polstellendiagramm in Abbildung 4.19. Die Polstellen haben sich nach der Kompensation in Richtung 45°-Achse verschoben. Der Abstand der dominanten komplexen Polstelle vom Ursprung ist aber nahezu gleich geblieben. Das bedeutet, dass die Bandbreite der Verstärkerschaltung gegenüber der unkompensierten Schaltung kaum verringert wurde.

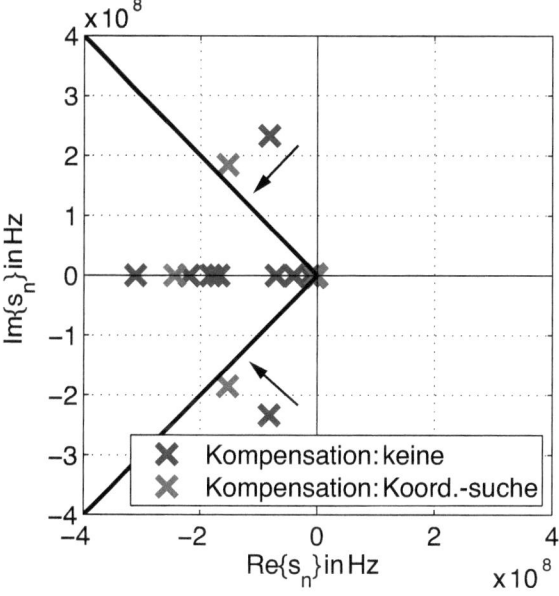

Abbildung 4.19: Eigenwertverschiebung nach dem Liniensuchverfahren

Die Transientsimulation in Abbildung 4.20 zeigt, dass sich das Stabilitätsverhalten der Schaltung gegenüber der unkompensierten Schaltung sehr stark verbessert hat.

Damit ist das Ziel der Bandbreite für einen 12× Blu-ray-Disc-Empfängerkanal erfüllt. Jedoch wird im folgenden Abschnitt der Bottom-Up-Tuning Schritt erweitert, indem ein Schaltungsoptimierer nachträglich alle Spezifikationsparameter optimiert.

KAPITEL 4. ENTWURF EINES
BREITBAND-SIGNALVERSTÄRKERS

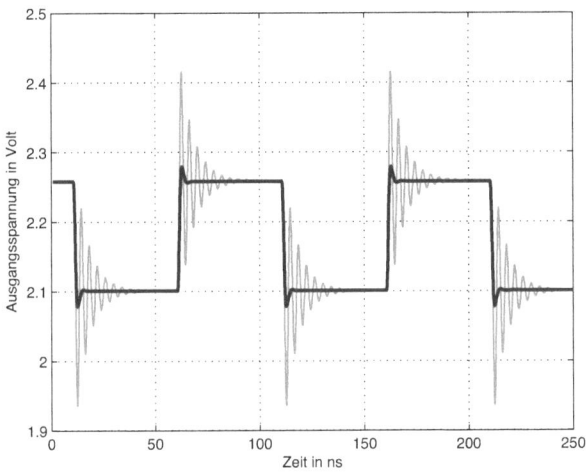

Abbildung 4.20: Transientsimulation des TIA (hell: vorher, dunkel: nachher)

Abbildung 4.21 zeigt die Aufspaltung des Bottom-Up-Tuning aus Abbildung 4.1 in zwei Optimierungsphasen. Dadurch kann nochmals eine nachträgliche Leistungssteigerung des Breitbandverstärkers erreicht werden.

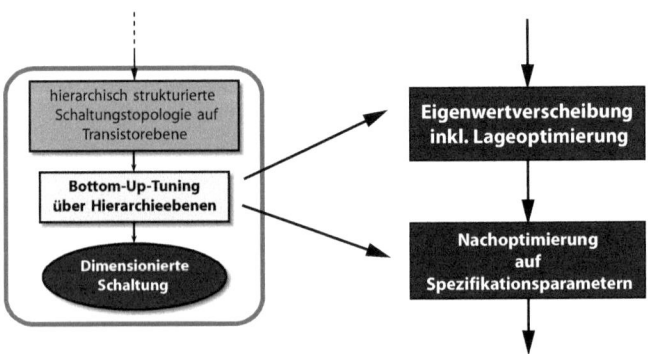

Abbildung 4.21: Aufteilung der Bottom-Up-Tuning-Phase

4.5.4 Nachoptimierung mittels Schaltungsoptimierer

Eine weitere Steigerung der Bandbreite kann erreicht werden, indem ein Schaltungsoptimierer für eine nachträgliche Optimierung der Spezifikationsparameter auf den zehn empfindlichsten Kompensationskapazitäten genutzt wird [Mun, Grä07]. Dies ist auch der Unterschied zur Eigenwertverschiebung, bei der nur die Lage der Eigenwerte optimiert wird.

In dieser Arbeit wurde *WiCkeD* der Firma MunEDA [Mun] eingesetzt, allerdings sind auch andere Optimierer, wie *Virtuoso NeoCircuit* von Cadence [Cad], denkbar.

Diese Schaltungsoptimierer besitzen die Fähigkeit die anwendungsrelevanten Spezifikationsparameter wie z.B. Bandbreite, Rauschen, Verstärkung, Anstiegsgeschwindigkeiten zu optimieren. Das Optimierungsziel für den Transimpedanzverstärker war hier, eine möglichst große Bandbreite, minimale Einschwingzeit und minimale Resonanzüberhöhung im Frequenzgang zu erzielen. Gleichzeitig sollen die Schwankungen des Fertigungsprozesses mit in Betracht gezogen werden, so dass die Ausbeute bei der Fertigung der Schaltung möglichst groß wird [Grä07].

Der Schaltungsoptimierer hat die Aufgabe, nur die Kapazitäten umzudimensionieren, die Weiten und Längen der Transistoren sowie Widerstandswerte bleiben unberührt. Der Vorteil an dieser Vorgehensweise ist, dass dem Optimierer ein guter initialer Startpunkt für seinen Optimierungsprozess geboten wird. Das ist ein guter Ausgangspunkt für eine mögliche weitere Verbesserung des Breitbandverstärkers.

Die Nachoptimierung ergab eine weitere (enorme) Steigerung der -3 dB-Grenzfrequenz und eine Verringerung der Resonanzüberhöhung im Frequenzgang (Tabelle 4.4). Nach der Optimierung der Schaltung aus Abbildung 4.17 besitzen drei Kapazitäten so kleine Werte, dass diese vernachlässigbar waren (kleiner als technologisch realisierbar (< 20 fF)). Diese Kapazitäten wurden aus der Schaltung entfernt.

KAPITEL 4. ENTWURF EINES BREITBAND-SIGNALVERSTÄRKERS

Parameter	Koordinatensuche	Koordinatensuche+WiCkeD
3dB Bandbreite	362 MHz	500 MHz
Slew Rate (steigend)	1100 V/µs	1435 V/µs
Slew Rate (fallend)	−502 V/µs	−529 V/µs
Resonanz im Frequenzgang	0.9 dB	0.51 dB
Gesamtkapazität	5.8 pF (10 Kapazitäten)	3 pF (7 Kapazitäten)

Tabelle 4.4: Vergleich der Ergebnisse: Koordinatensuche und Koordinatensuche mit Nachoptimierung

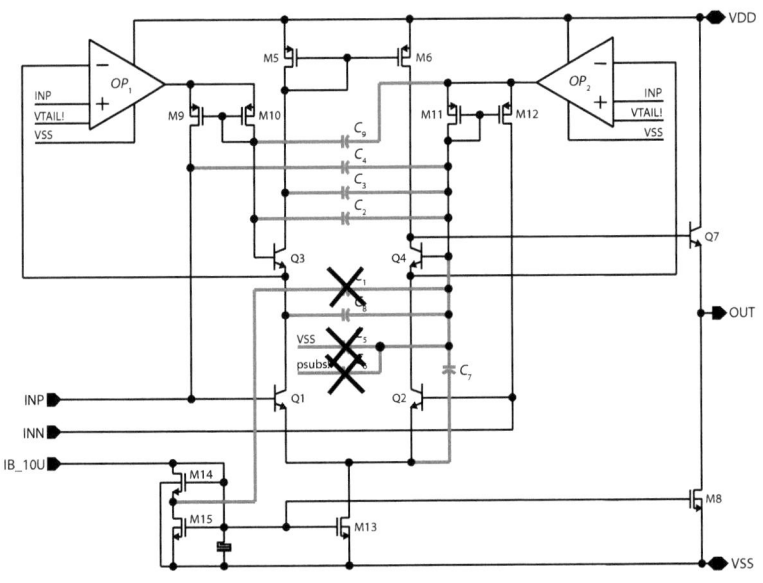

Abbildung 4.22: Transimpedanzverstärker nach Kompensation mit dem Koordinatensuchverfahren

Die Gesamtkapazität, die in dem Breitbandverstärker nun verbaut wurde, hat sich nach der Optimierung auf die Hälfte reduziert (Tabelle 4.4). Dies hat zur Folge, dass die Chipfläche und infolgedessen die Fertigungskosten geringer werden.

Die Kapazitäten, die am Ende der Optimierung noch signifikante Werte aufwiesen, sind in Abbildung 4.22 dargestellt. Die Werte, der in Abbildung 4.22 verbauten Kapazitäten, sind in Tabelle 4.5 aufgeführt.

Kapazität	Wert	Kapazität	Wert
C1	-	C6	-
C2	384 fF	C7	1 pF
C3	237 fF	C8	970 fF
C4	155 fF	C9	261 fF
C5	-	CF	37 fF

Tabelle 4.5: Kapazitätswerte aus Abbildung 4.22

4.5.5 Ergebnisse der Nachoptimierung

Die endgültige Schaltung mit ihren verbleibenden 7 Kapazitäten ist in Abbildung 4.23 dargestellt (C_F ist nicht eingezeichnet, da sie schon in der Testumgebung vorhanden ist).

Die Transientsimulation aus Abbildung 4.24 zeigt, dass die Schaltung bei Anregung mit einer Rechteckfolge stabil ist, aber schon kleinere Schwingungseffekte beim Einschwingvorgang zu sehen sind.

KAPITEL 4. ENTWURF EINES
BREITBAND-SIGNALVERSTÄRKERS

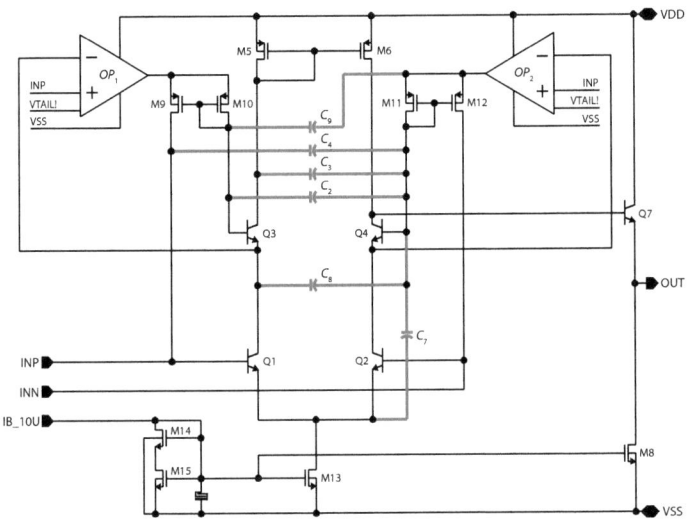

Abbildung 4.23: Endgültige Schaltung des Transimpedanzverstärkers

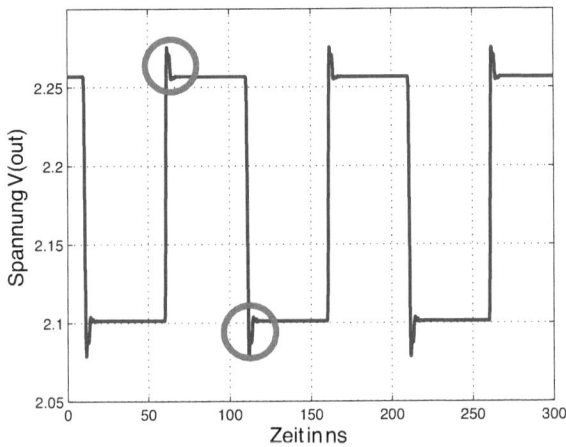

Abbildung 4.24: Transientsimulation des nachoptimierten Breitbandverstärkers

KAPITEL 4. ENTWURF EINES BREITBAND-SIGNALVERSTÄRKERS

Diese Schwingungseffekte müssen sich mit Hilfe des Polstellendiagramms erklären lassen. Ein Blick auf die Polstellen in der komplexen Ebene in Abbildung 4.25 zeigt, dass es außer den dominanten komplexen Polstellen noch nicht dominante komplexe Polstellen gibt, die sich während der Nachoptimierungsphase in Richtung imaginäre Achse verschoben haben.

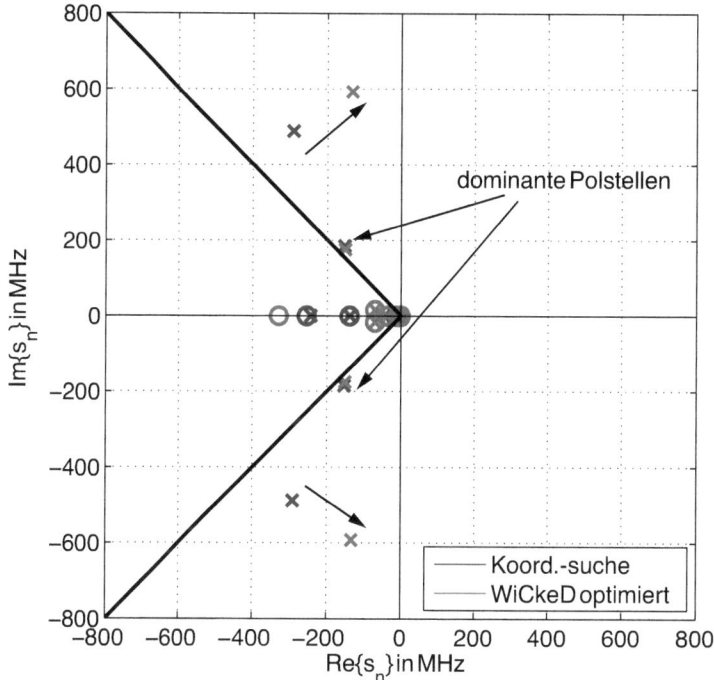

Abbildung 4.25: Pol-Nullstellendiagramm des nachoptimierten Breitbandverstärkers

Im Frequenzgang (Abbildung 4.26) ist durch diese spezielle Eigenwertlage eine deutliche Bandbreitensteigerung zu erkennen. Durch das zweite, komplexe, nicht-dominante Polstellenpaar (siehe Abbildung 4.25) wird der hintere Teil des Frequenzgangs noch einmal angehoben, wobei die Resonanzüberhöhung im Frequenzgang nahezu gleich bleibt.

KAPITEL 4. ENTWURF EINES BREITBAND-SIGNALVERSTÄRKERS

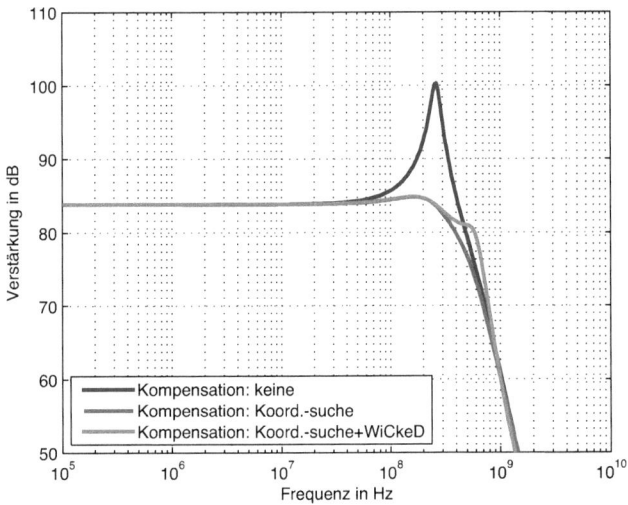

Abbildung 4.26: Frequenzgang des nachoptimierten Breitbandverstärkers

Weitere Kenngrößen des Breitbandverstärkers

PSRR, Rauschen, die Eingangsreaktanz sowie Eingangskapazität des Verstärkers sind in Abbildung 4.27 dargestellt (grau: unkompensiert, blau: kompensiert). Vergleicht man die Kurvenverläufe für PSRR und Rauschen mit dem unkompensierten Verstärker, so sind wenig Unterschiede in den Größenordnungen zu erkennen, was darauf hinweist, dass das Koordinatensuchverfahren in dem Fall des entworfenen und optimierten Transimpedanzverstärkers mit seinen vielen Kapazitäten nur geringen Einfluss auf diese Kenngrößen hat (vgl. auch Tabelle 4.6).

KAPITEL 4. ENTWURF EINES BREITBAND-SIGNALVERSTÄRKERS

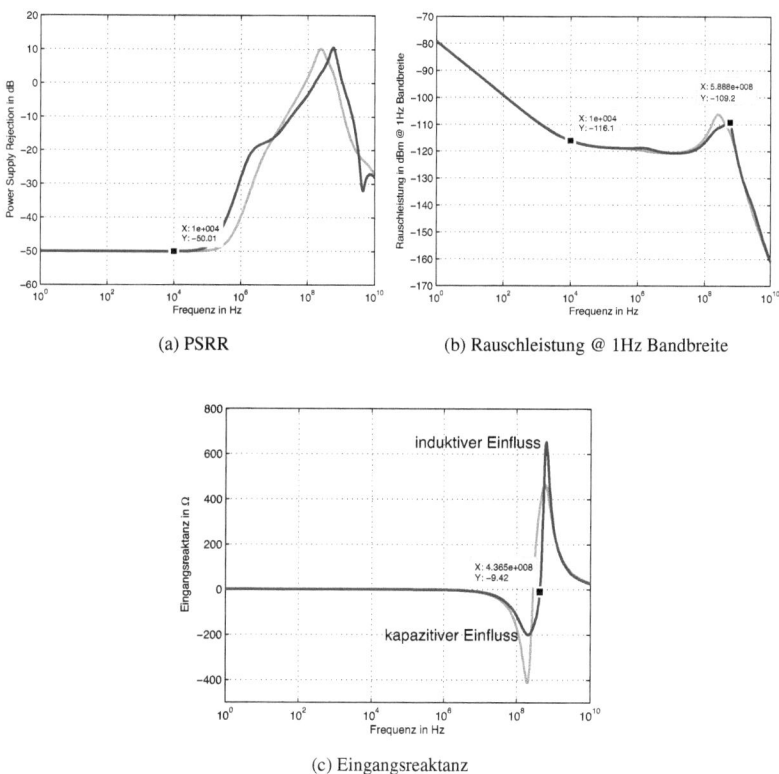

Abbildung 4.27: PSRR, Rauschsimulation und Eingangsreaktanz

Anders sieht es bei der Eingangsreaktanz bzw. Eingangskapazität aus. Ein Vergleich der beiden Simulationskurven der Eingangsreaktanz aus Abbildung 4.27(c) und Abbildung 4.14(c) zeigt einen Unterschied im Kurvenverlauf. Nach Berechnung der Eingangskapazität aus Abbildung 4.28 wird klar, dass diese um den Faktor zwei gestiegen ist, was durch Einfügen von neuen Kapazitäten in die Verstärkerschaltung auch zu erwarten war.

KAPITEL 4. ENTWURF EINES BREITBAND-SIGNALVERSTÄRKERS

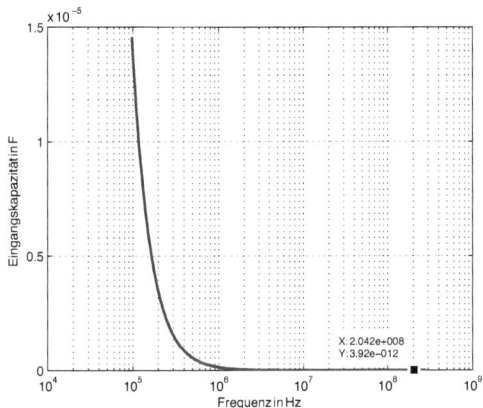

Abbildung 4.28: Frequenzabhängige Eingangskapazität des Transimpedanzverstärkers

Die vergrößerte Eingangskapazität muss beim Entwurf einer vorangehenden Verstärkerstufe oder bei Anschluss der Fotodiode beachtet werden, da diese den Frequenzgang erheblich beeinflussen (möglicherweise sogar verschlechtern) kann.
In Tabelle 4.6 sind nochmals alle simulierten Werte des TIA aufgeführt.

Parameter	Wert
3 dB Bandbreite	500 MHz
Slew Rate (steigend)	1435 V/µs
Slew Rate (fallend)	−529 V/µs
Resonanzüberhöhung	0.51 dB
Gesamtkapazität	3 pF (7 Kapazitäten)
Power Supply Rejection bei 10 kHz	−50 dB
Rauschleistung ($\Delta f = 1$ Hz) an 1Ω bei 10 kHz	−116.1 dBm
Eingangskapazität bei 200 MHz	3.9 pF

Tabelle 4.6: Messwerte des TIA mit Nachoptimierung

Analyse des Stabilitätsverhaltens

Die Konstellation der Eigenwerte in Abbildung 4.25 widerspricht den Anforderungen für das Stabilitätskriterium aus Abschnitt 3.4, denn die nicht dominanten Polstellen liegen oberhalb der 45°-Achse. Dennoch zeigt der entworfene und optimierte Breitbandverstärker keine relevante Schwingungsneigung.

Dies lässt sich darauf zurückführen, dass die Realteile der dominanten und nicht dominanten komplexen Polstelle nahezu gleich sind. Das bedeutet, dass die Lösung der homogenen Differentialgleichung in etwa die Form

$$y_h = e^{\sigma t}(\sin(\omega_1 t + \varphi_1) + \sin(\omega_2 t + \varphi_2)) \qquad (4.21)$$

aufweist. Da für das Abklingen der Schwingung der Exponentialterm $e^{\sigma t}$ verantwortlich ist und dieser sich während der Nachoptimierung kaum verändert hat, wird die Einschwingzeit gegenüber der nicht nachoptimierten Schaltung gleich bleiben. D.h. die Spezifikation bleibt für das Einschwingverhalten erfüllt.

Dieser Einschwingvorgang weist zwar einige höherfrequente Schwingungen auf (roter Kreis in Abbildung 4.24), liegt aber im akzeptablen Bereich der Spezifikation.

4.5.6 Ausbeuteoptimierung

Wie schon erwähnt, wurde während der Nachoptimierungsphase aus Abbildung 4.21 gleichzeitig eine Ausbeuteoptimierung vorgenommen, da, wie in Abbildung 4.29 zu erkennen, die Schwankungsbreite für die Resonanzüberhöhung sehr groß ist.

KAPITEL 4. ENTWURF EINES BREITBAND-SIGNALVERSTÄRKERS

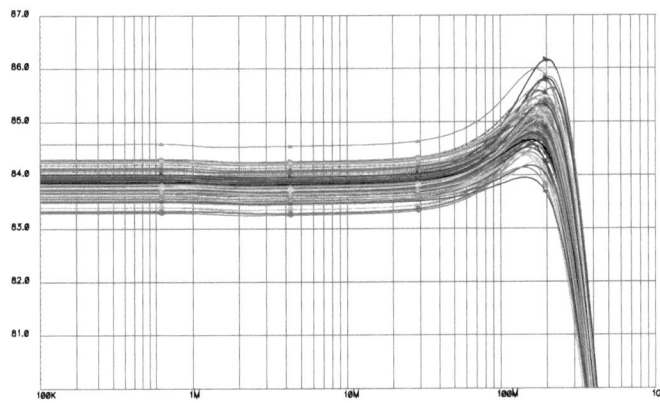

Abbildung 4.29: Monte-Carlo-Analyse der Bandbreite des TIA vor der Ausbeuteoptimierung

Dies ist auch aus den Histogrammen in Abbildung 4.30 für die Resonanzüberhöhung und Bandbreite zu entnehmen.

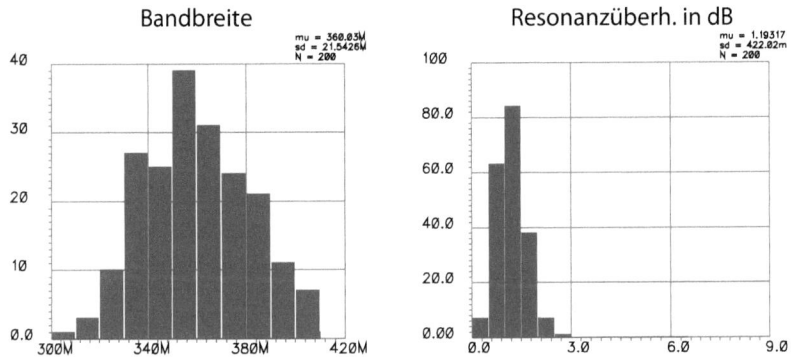

Abbildung 4.30: Histogramm des TIA für Bandbreite und Resonanzüberhöhung vor der Ausbeuteoptimierung

Als Ausbeute (parametrisches Yield) Y [Grä07] wird

$$Y = \frac{N_S}{N} \qquad (4.22)$$

verstanden. Dabei N ist die Anzahl aller gefertigten Schaltungen (funktionsfähig oder nicht), N_S die Anzahl aller gefertigten funktionsfähigen Schaltungen, die die Spezifikation erfüllen [Che09].

Abbildung 4.31 zeigt das Ergebnis der Ausbeuteoptimierung mit realen technologiebezogenen Bauelementen für den Breitbandverstärker. Dabei wurde die Ausbeute der wichtigsten Parameter bestimmt.

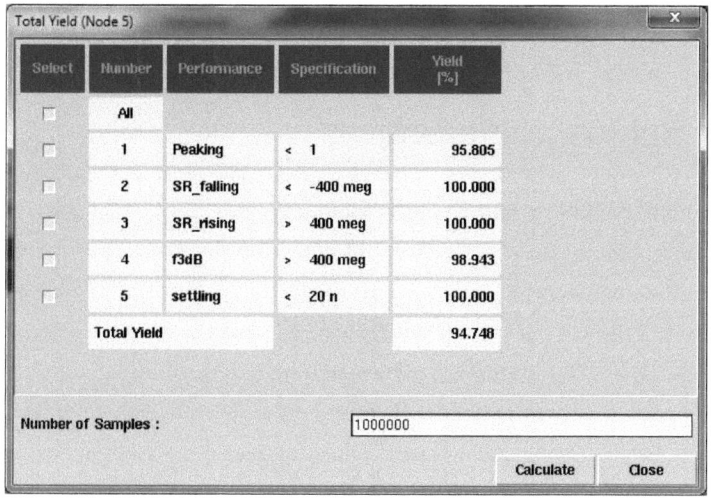

Abbildung 4.31: Ergebnis der Ausbeuteoptimierung

Die Ausbeute beträgt $Y = 94.7\%$, damit ist die Robustheit des Gesamtverfahrens für die Topologiemodifikation und Optimierung des Breitbandverstärkers nachgewiesen. Eine zusätzliche Monte-Carlo-Analyse [Che09] der Schaltung bzgl. der Bandbreite bestätigt dies ebenfalls (siehe Abbildung 4.32), denn die -3 dB-Grenzfrequenz von < 350 MHz wird nicht unterschritten.

KAPITEL 4. ENTWURF EINES
BREITBAND-SIGNALVERSTÄRKERS

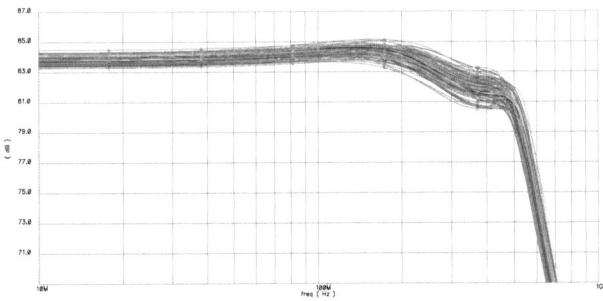

Abbildung 4.32: Monte-Carlo-Analyse der Bandbreite des TIA

4.6 Schlussfolgerung

In diesem Abschnitt wurde die Anwendung des Verfahrens zur Eigenwertverschiebung in Kombination mit dem Koordinatensuchverfahren als Kompensationsmethode für einen Breitband-Signalverstärker, der für industrielle Einsätze geeignet ist, dargelegt.

Da dieser Breitband-Signalverstärker in Blu-ray-Disc-Laufwerken Anwendung finden soll, wurde zuerst die Systemidee, welche aus einer Verstärkerkette besteht, vorgestellt. Da der Transimpedanzverstärker in einem solchen System das zentrale Element darstellt, wurde dieser für den Entwurfsprozess ausgewählt. Zuerst wurde aus Teilen der Systemspezifikation die Anforderungen des Transimpedanzverstärkers abgeleitet. Danach wurde durch eine hierarchische Entwurfsstrategie der Verstärker auf Transistor- und Operationsblockebene entworfen und verifiziert. Die größte Herausforderung im Transistorentwurf waren die Gleichstromanforderungen (DC-Offset, DC-Verstärkung) an den Transimpedanzverstärker. Dies konnte durch geschickte Regelungskonzepte und Gainboosting-Techniken [San06] erreicht werden.

Nach dem Entwurf stellte sich heraus, dass trotz Einsatz von Optimierungswerkzeugen die härteste Spezifikationsgröße, die Bandbreite, nicht

KAPITEL 4. ENTWURF EINES
BREITBAND-SIGNALVERSTÄRKERS

erfüllt werden konnte, ohne dass der Breitbandverstärker zu Instabilitäten neigt. Auch eine Berechnung der optimalen Kompensationskapazität, wie dies auch in [Zim10] vorgeschlagen wurde, brachte keinen weiteren Erfolg. Der Grund dafür lag in der unzureichenden Modellierung des inneren OPV-Frequenzganges. Eine genauere Modellierung aber lieferte keine Einsichten in das Frequenzgangsverhalten der kompletten Schaltung.
Durch Anwendung der Eigenwerttheorie zur Betrachtung des Stabilitätsverhaltens war es nun möglich, durch eine gezielte Verschiebung von Eigenwerten, die das dominante Frequenzgangsverhalten beeinflussen, die Bandbreite des entworfenen TIAs drastisch zu steigern und somit die Spezifikation zu erfüllen. Der Vorteil dieser neuen Methodik lag darin begründet, dass diese nicht mehr ein Auftrennen des Rückkopplungspfades erfordert und direkt an der Schaltung, wie sie auch später eingesetzt wird, angewendet werden konnte. Nur so konnte eine wesentlich größere Bandbreite erzielt werden. Durch eine Eigenwertempfindlichkeitsformel wurden die Knoten für potentielle Kompensationselemente bestimmt und diese in einer nachfolgenden Optimierungsroutine dimensioniert.
Da die Fertigungstoleranzen im integrierten Schaltungsentwurf sehr groß sind und damit auch großen Einfluss auf die Spezifikationsgrößen haben, wurde nachträglich eine Ausbeuteoptimierung vorgenommen. Diese bezog die statistische Verteilung von Bauelementeparametern in ein Optimierverfahren mit ein und konnte so den Entwurf nochmals verbessern und robust machen. Letztendlich wurde ein unkonventionelles Kompensationsnetzwerk mit sieben Kapazitäten synthetisiert und optimiert. Die Bandbreite gegenüber der Ausgangsschaltung nach dem Entwurf auf Transistorebene wurde nahezu verdoppelt.
Möglich war dies nur durch eine Verkopplung von EDA-Entwurfs- und Optimierwerkzeugen, was sich in einem erweiterten Entwurfsablauf widerspiegelt. Dabei wurde der Entwurfsablauf aus Abbildung 1.2 erweitert und verfeinert (siehe Abbildung 4.1 und Abbildung 4.21), so dass mit Hil-

fe dieses Entwurfsablaufes auch andere sehr schnelle Breitbandverstärker entworfen werden können.

5 Ergebnisse und Ausblick

In diesem Kapitel werden einige Ergebnisse der Chipimplementation und des in Kapitel 4 entworfenen Breitbandverstärkers dargestellt und diskutiert. Dabei werden auch einige Problemstellungen der Messtechnik dargelegt.
Zum Abschluss wird ein Ausblick auf weitere Forschungsarbeiten auf dem Gebiet der „Synthese von Kompensationsnetzwerken für Breitbandverstärker" gegeben.

5.1 Chipimplementation

Der im Kapitel 4 entwickelte und optimierte Transimpedanzverstärker wurde in einen optoelektronischen Empfänger-Chip für ein 12-fach Blu-ray-Disc-Laufwerk eingebaut. Abbildung 5.1 zeigt das Layout und ein Foto des Gesamtchips.

KAPITEL 5. ERGEBNISSE UND AUSBLICK

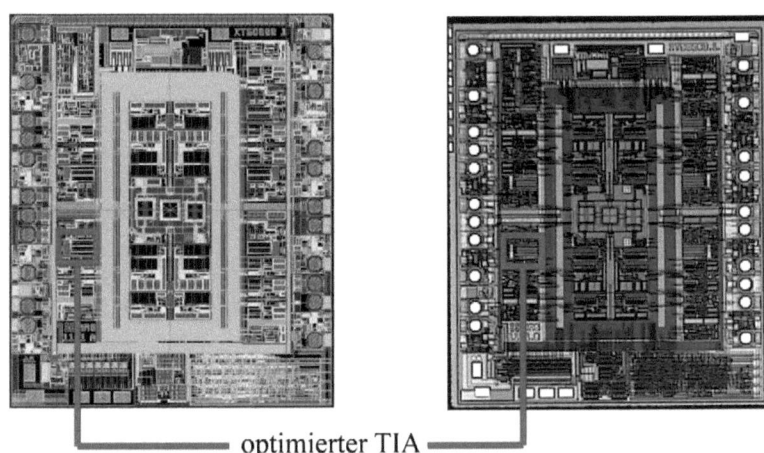

optimierter TIA

Abbildung 5.1: Gesamtchip mit Layout (links) und Foto (rechts)

Das Gesamtsystem als Blockschaltbild ist in Abbildung 4.3 dargestellt und besteht aus Stromverstärker, Transimpedanzverstärker und Spannungsverstärker. In diesem Gesamtsystem müssen alle im Signalpfad befindlichen Verstärker eine sehr große Bandbreite aufweisen.

Der komplette Chip aus Abbildung 5.1 enthält mehrere Verstärkungskanäle (mit mehreren TIAs), die sich in ihren Bandbreitenanforderungen unterscheiden. Dies liegt unter anderem daran, dass Informationen zur Fokussierung, zur Nachführung der Blu-ray-Disc-Spuren und zum Auslesen der Daten benötigt werden.

Der Transimpedanzverstärker für die schnellen Kanäle, der das eigentliche hochratige Datensignal überträgt, stellte die kritischste Stelle im gesamten Chipentwurf bzgl. der Bandbreitenanforderung dar, da der Strom- und Spannungsverstärker aus vorangegangenen Entwicklungen bereits genug Bandbreite aufweisen konnten. Das Problem der Bandbreite konnte aber mit dem in Kapitel 4 vorgestellten Verfahren zur automatisierten Synthese von Frequenzgangskompensationsnetzwerken gelöst werden.

KAPITEL 5. ERGEBNISSE UND AUSBLICK

Layout und Chipfoto des gefertigten Transimpedanzverstärkers sind in Abbildung 5.2 dargestellt, welcher auch tatsächlich in den Gesamtchip eingesetzt wurde.

Die Einzelschaltung aus Abbildung 5.2 wurde zusätzlich separat auf einem Multi-Project-Wafer (MPW) gefertigt, damit sie einzeln charakterisiert, die Wirkung des neuen Kompensationsnetzwerkes untersucht und damit die Funktionsfähigkeit des neuen Kompensationsverfahrens mittels direkter Eigenwertverschiebung nachgewiesen werden kann.

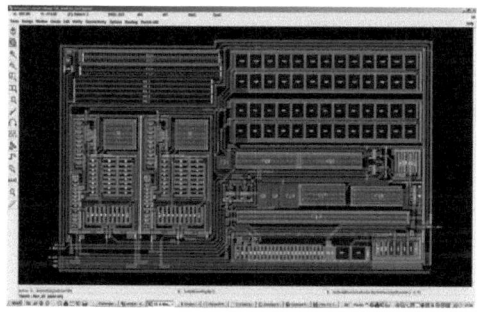

(a) TIA Layout

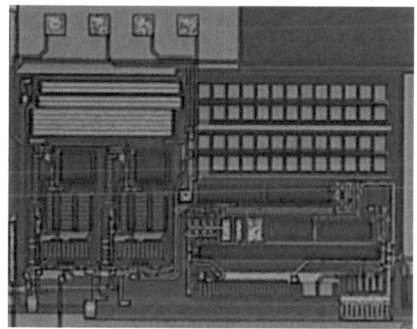

(b) TIA Foto

Abbildung 5.2: Layout und Foto des optimierten Transimpedanzverstärkers

5.2 Messergebnisse

5.2.1 Messung am einzelnen TIA

Das Kompensationsnetzwerk des Transimpedanzverstärkers wurde für den Einsatz im Blu-ray-Disc-Chip berechnet. Somit ist dieses Kompensationsnetzwerk genau für die entsprechenden Lastverhältnisse im System ausgelegt. Eine messtechnische Nachbildung dieser Lastverhältnisse am Aus- und Eingang des Transimpdanzverstärkers, wie sie im Chip selbst vorliegen, ist unverhältnismäßig aufwendig. Deshalb wurde der Gesamtchip vermessen und daraus Schlussfolgerungen für die Funktionsweise des Transimpedanzverstärkers gezogen [Sch04].

5.2.2 Messung am Gesamtchip

Abbildung 5.3 zeigt das Augendiagramm des Gesamtsystems bei Anregung mit einer Bitfolge am Eingang (12-fach Blu-ray-Disc-Pulsbreite: 2.6 ns), die einem typischen DVD-Datenmuster entspricht. Das Augendiagramm wurde für die Empfindlichkeit von 1.75 $\frac{mV}{\mu W}$ der gesamten Kette gemessen, ein Arbeitsmodus, der bei Blu-ray-Discs sehr üblich ist. Dabei zeigt sich, dass die gesamte Verstärkerkette aus Abbildung 4.3 eine genügend große Augenöffnung aufweist, um eine korrekte Erkennung der Bitmuster in der nachfolgenden Entscheider-Stufe zu ermöglichen. Der gemessene Frequenzgang bei gleicher Empfindlichkeit des Systems ist in Abbildung 5.4 dargestellt.

KAPITEL 5. ERGEBNISSE UND AUSBLICK

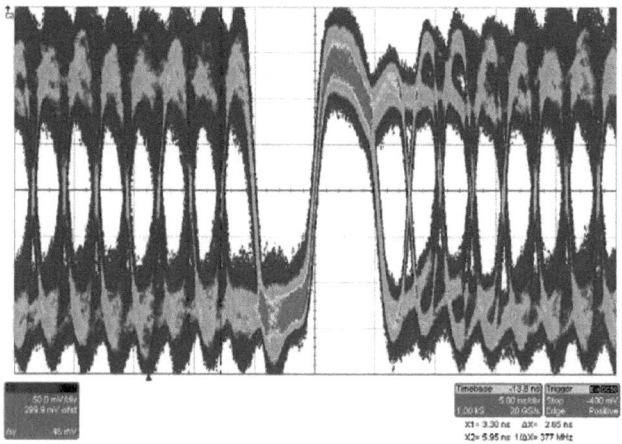

Abbildung 5.3: Augendiagramm des Gesamtchips bei einer Empfindlichkeit von 1.75 $\frac{mV}{\mu W}$ bei der Wellenlänge 405 nm

Die -3 dB-Grenzfrequenz beträgt 350 MHz, die Resonanzüberhöhung im Frequenzgang 0.93 dB (siehe Tabelle 4.1).

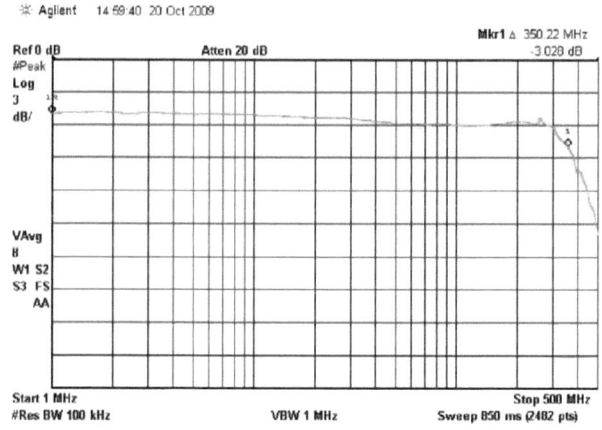

Abbildung 5.4: Frequenzgang des Gesamtchips

Damit ist indirekt nachgewiesen, dass der Transimpedanzverstärker mit der neuen entwickelten Kompensationsmethode korrekt arbeiten muss und somit die geforderte Bandbreite erreicht. Wäre dies nicht der Fall, würde auch der Gesamtchip die Spezifikation nicht erfüllen (kompletter Messbericht: [LM10]). Tabelle 5.1 zeigt einige Messwerte des Gesamtchips.

Parameter	Wert
Bandbreite	348 MHz
Resonanzüberhöhung	0.93 dB
Slew Rate (steigend)	283 V/μs
Slew Rate (fallend)	−246 V/μs
Rauschleistung @ 350 MHz	−83 dBm

Tabelle 5.1: Relevante Parameter des Gesamtchips

5.3 Ausblick und zukünftige Arbeiten

5.3.1 Verbesserung des gradientenbasierten Verfahrens

Das Kompensationsverfahren mit Koordinatensuche, wie es beim Entwurf des Transimpedanzverstärkers angewendet wurde, ist sehr schnell in seinen Berechnungen, aber optimiert nur die Position eines Eigenwertes. Der Nachteil dabei ist, dass die anderen nicht optimierten Polstellen außer Acht gelassen werden und deshalb nicht klar ist, welchen Einfluss diese nach der Optimierung haben.

Das gradientenbasierte Verfahren behebt diesen Nachteil, denn es konzentriert sich mit Hilfe einer gewichteten Zielfunktion auf das gesamte Eigenwertspektrum. Somit können sich keine Eigenwerte unbeobachtet in die rechte PN-Halbebene verschieben. Dieses Verfahren benötigt aber sehr viele Eigenwertberechnungen, da die Zielfunktion alle Eigenwerte einschließt. Die Rechenzeit für dieses Kompensationsverfahren ist bei großen Schaltungen, wie dem TIA aus Kapitel 4, nicht mehr praktikabel und durchführbar. Für kleinere Schaltungen allerdings mit weniger als 20 Transistoren liefert diese Methode sehr gute Ergebnisse (siehe Abschnitt 3.7).

Durch Wahl eines anderen Optimierungsansatzes, bei dem die Berechnung der Schrittweite gespart wird, wie dies bei der Sequentiellen Quadratischen Programmierung (SQP) der Fall ist [GK02], kann die Rechenzeit verkürzt werden. Jedoch ist die zweite Ableitung der Eigenwertgleichung, die *Hesse-Matrix*, notwendig.

Ebenfalls kann durch frühzeitige Reduktion der Matrixstörungen der Rechenaufwand verringert werden. Das bedeutet, dass ein anderes Kriterium als die Eigenwertempfindlichkeit gefunden werden muss, aus dem sich globale Aussagen über die Veränderung des Eigenwertspektrums ableiten lassen.

5.3.2 Klärung der Wirkprinzipien

Auffallend sind die Kompensationskapazitäten, die mit der Stromversorgung der Schaltung verbunden sind (siehe Kapazität C_1 in Abbildung 4.17). Für eine universelle Anwendbarkeit solcher gefundenen Kompensationskapazitäten ist es erforderlich, die Wirkungsweisen und Mechanismen zu verstehen, die eine Kompensationskapazität verursacht, welche in die Stromversorgung ein Signal einkoppelt. Handrechnungen werden sehr schnell zu komplex, um diese Wirkungen zu beschreiben. Deshalb ist es hier sinnvoll, symbolische Analysewerkzeuge [Fra] einzusetzen.

5.3.3 Erweiterung auf nichtlineare Problemstellungen

Leistungsverstärker in der Hochfrequenztechnik, die vor allem als Sendeendstufen dienen, zeigen stark nichtlineares Verhalten aufgrund der Großsignalaussteuerung [Vog91]. Bei dieser Schaltungsklasse kann kein ausgezeichneter Arbeitspunkt für die Kleinsignalanalyse ausgewählt werden, da meist ganze Kennlinienbereiche des Transistors durchfahren werden. Aufgrund parasitärer Rückkopplungen können Leistungsverstärker jedoch im Übertragungsfrequenzband instabil werden. Zur Analyse der Stabilität gibt es in der Hochfrequenztechnik Verfahren mit Hilfe des Smith-Diagramms (Stabilitätskreise) [Che91, Mic81, Bow82]. Jedoch kann daraus keine Einsicht in das Schaltungsverhalten einzelner Bauelemente in Bezug zur Stabilisierung gewonnen werden.

Durch Erweiterung des vorgestellten Verfahrens sollte es auch bei nichtlinearen Schaltungen möglich sein, Kompensationsnetzwerke zu synthetisieren, die die Stabilität sichern, aber nicht die Übertragungsbandbreite beeinflussen.

5.3.4 Nutzung anderer Kompensationszweige

In dieser Arbeit wurden Kapazitätszweige zur Frequenzgangskompensation eingesetzt. Das Verfahren kann dahingehend erweitert werden, dass auch Widerstands-Kapazitäts-Kombinationen (R-C-Kombinationen) als Kompensationselemente genutzt werden können, denn diese kommen auch häufig in der integrierten Schaltungstechnik zum Einsatz. Es ist allerdings darauf zu achten, dass bei jeder einzelnen R-C-Kombination ein weiterer Knoten und damit eine Zeile und Spalte in der Systemmatrix entsteht, was die Komplexität der weiteren Berechnungen erhöht.

5.4 Schlussfolgerung

Dieses Kapitel zeigt, dass noch viele Möglichkeiten zur Erweiterung und Verbesserung des vorgeschlagenen Syntheseverfahrens zur Frequenzgangskompensation existieren.

Dennoch ist es mit den bisherigen Verfahren gelungen, Kompensationsnetzwerke zur Stabilitätsverbesserung automatisch zu generieren. Gleichzeitig wird eine erhebliche Bandbreitensteigerung erzielt. Die Funktionsfähigkeit wurde an einem Beispielentwurf für einen Breitband-Signalverstärker (TIA) und einer Chipimplementation demonstriert. Damit kann das Verfahren zur Synthese von Frequenzgangskompensationsnetzwerken für integrierte Breitband-Signalverstärker eingesetzt werden.

Nomenklatur

Abkürzungen

GBW	Gain-Bandwidth (Verstärkungs-Bandbreite-Produkt)
GEP	Generalized Eigenvalue Problem
HD	High Definition
ISI	Intersymbolinterferenz
LTI	Linear Time Invariant
MAC	Modal Assurance Criterion
MD-Transformation	Modification-Decomposition Transformation
MNA	Modified Nodal Analysis (modifizierte Knotenanalyse)
OPV	Operationsverstärker
PDIC	Photo Detector Integrated Circuit
PN	Pol-Nullstelle
TIA	Transimpedance Amplifier (Transimpedanzverstärker)

Formelzeichen

$\mathbf{A}$	Koeffizientenmatrix
$\mathbf{b}$	Vektor der rechten Seite
$\mathbf{C}$	dynamischer Teil der Systemmatrix
$\mathbf{G}$	statischer Teil der Systemmatrix
$\mathbf{x}$	Vektor der Unbekannten
A_0, G_0	Leerlaufverstärkung
A_{CL}	Verstärkung der geschlossenen Schleife
C_F	Feedbackkapazität
G_R, H_R	Rückwärtsübertragungsfaktor
G_V, H_V	Vorwärtsübertragungsfaktor
L	Kanallänge eines MOS-Transistors
R_F	Feedbackwiderstand
R_T	Transimpedanzwiderstand
s	Laplace-Operator
s_0	Nullstelle
s_p	Polstelle
$S_u(f)$	spektrale Rauschleistungsdichte
SR	Slewrate
W	Kanalweite eines MOS-Transistors
Y	Ausbeute (Yield)

Literaturverzeichnis

[AB82]   ALLEMANG, R.J. ; BROWN, D.L.: A Correlation Coefficient for Modal Vector Analysis. In: Modal Analysis Conference Exhibit (1982), S. 110–116

[AH02]   ALLEN, Phillip E. ; HOLBERG, Douglas R.: CMOS analog circuit design. 2. ed. Oxford Univ. Press, New York, 2002 http://www.loc.gov/catdir/enhancements/fy0612/2002020034-t.html. – ISBN 0195116445

[Alt02] ALT, Walter: Nichtlineare Optimierung. Vieweg Verlag, 2002

[Arl98] ARLT, Steffen: Eine Methodik zur Automatisierung des Layoutentwurfs analoger CMOS-Schaltungen, Technische Universität Ilmenau, Diss., 1998

[AW84]   AHLERS, Horst ; WALDMANN, Jürgen: Entwurf elektronischer Bauelemente und Schaltkreise. Verlag Technik Berlin, 1984

[Bak09] BAKER, R.J.: CMOS: Mixed-Signal Circuit Design. Wiley-IEEE Press, 2009

Literaturverzeichnis

[Bal10] BALIK, F.: A semi - symbolic method of electronic circuit design by pole and zero distribution optimization using time - constants approximation including inductors. In: Symbolic and Numerical Methods, Modeling and Applications to Circuit Design (SM2ACD), 2010 XIth International Workshop on, 2010, S. 1–6

[BHW93] BURG ; HAF ; WILLE: Höhere Mathematik für Ingenieure - Band III. Teubner Stuttgart, 1993

[Blu10] BLU-RAY DISC ASSOCIATION: White Paper Blu-ray disc Format. Version: 2010. http://www.blu-raydisc.com/Assets/Downloadablefile/general_bluraydiscformat-15263.pdf

[Bod40] BODE, Hendrik Wade: Relations Between Attenuation and Phase in Feeback Amplifier Design. In: Bell System Technical Journal 19 (1940), S. 421–454

[Bow82] BOWICK, C.: RF Circuit Design. Newnes, 1982

[BS07] BIANCHI, G. ; SORRENTINO, R.: Electronic Filter Simulation and Design. McGraw Hill, 2007

[Cad] CADENCE: Cadence DFII. www.cadence.com

[CCP+06] COMER, D.J. ; COMER, D.T. ; PERKINS, J.B. ; CLARK, K.D. ; GENZ, A.P.C.: Bandwidth Extension of High-Gain CMOS Stages Using Active Negative Capacitance. In: Electronics, Circuits and Systems, 2006. ICECS '06. 13th IEEE International Conference on, 2006, S. 628–631

[Che91] CHEN, W.F.: Active Network Analysis. World Scientific Pub Co, 1991

Literaturverzeichnis

[Che09] CHEN, W.K.: The Circuits and Filters Handbook: Computer Aided Design and Design Automation. CRC Press, 2009

[Chu75] CHUA, Leon O.: Computer-Aided Analysis of Electronic Circuits: Algorithms and Computational Techniques. Prentice-Hall, 1975

[Chu87] CHUA, Leon O.: Linear and Nonlinear Circuits. McCraw-Hill, 1987

[Dak65] DAKIN, R.J.: A tree-search algorithm for mixed integer programming problems. In: The Computer Journal 8 (1965), Nr. 3, 250-255. http://comjnl.oxfordjournals.org/content/8/3/250.abstract

[DCH96] DRÖGE, G. ; CZYSZ, T. ; HORNEBER, E.-H.: Symbolic pole and zero estimation for circuit design. In: Electronics, Circuits, and Systems, 1996. ICECS '96., Proceedings of the Third IEEE International Conference on Bd. 1, 1996, S. 93–96

[DCR05] DASTIDAR, T.R. ; CHAKRABARTI, P.P. ; RAY, P.: A synthesis system for analog circuits based on evolutionary search and topological reuse. In: Evolutionary Computation, IEEE Transactions on 9 (2005), Nr. 2, S. 211 – 224

[Dos89] DOSTAL, I.: Operationsverstärker. Verlag Technik Berlin, 1989

[EH95] ESCHAUZIER, Rudy G. H. ; HUIJSING, Johan H.: Frequency compensation techniques for low-power operational amplifiers. Kluwer Boston, 1995 http://www.gbv.de/dms/bowker/toc/9780792395652.pdf. – ISBN 0792395654

Literaturverzeichnis

[FPEN94]   FRANKLIN, Gene F. ; POWELL, J. D. ; EMAMI-NAEINI, Abbas: Feedback Control of Dynamic Systems. Addison Wesley, 1994

[Fra]   FRAUNHOFER, ITWM: Analog Insydes. http://www.analog-insydes.de/

[FRVH91]   FERNANDEZ, F.V. ; RODRIGUEZ-VAZQUEZ, A. ; HUERTAS, J.L.: A tool for symbolic analysis of analog integrated circuits including pole/zero extraction. In: European Conference on Circuit Theory and Design - ECCTD91. Kopenhagen, Dänemark, 1991

[Gÿ97]   GÜNTHER, Manfred: Kontinuierliche und zeitdiskrete Regelungen. Teubner Stuttgart, 1997

[GDWL94]   GAJSKI, D. ; DUTT, N. ; WU, A. ; LIN, S.: High-Level Sysnthesis - Introduction to Chip and System Design. Kluwer Academic Publishers, 1994

[GFRV02]   GUERRA, O. ; FERNANDEZ, F.V. ; RODRIGUEZ-VAZQUEZ, A.: A Symbolic Pole/Zero Extraction Methodology Based on Analysis of Circuit Time-Constants. In: Analog Integrated Circuits and Signal Processing 31 (2002), Nr. 2, 101-118. http://www.springerlink.com/content/fumfypxwrvdna52x/fulltext.pdf

[GK99]   GEIGER, Carl ; KANZOW, Christian: Numerische Verfahren zur Lösung unrestringierter Optimierungsaufgaben. Springer Verlag Berlin, 1999

[GK02]   GEIGER, Carl ; KANZOW, Christian: Theorie und Numerik restringierter Optimierungsaufgaben. Springer Verlag Berlin, 2002

[GMHL01]   GRAY, Paul R. ; MEYER, Robert G. ; HURST, Paul J. ; LEWIS, Steven H.: Analysis and Design of Analog Integrated Circuits. John Wiley and Sons, 2001

[Grä98]   GRÄFE, M.: Entwicklung eines integrierten Infrarot-Übertragungssystems mit Hilfe rechnergestützter Analyseverfahren für den Analogschaltungsentwurf, Universität Dortmund, Diss., 1998

[Grä07]   GRÄB, H.E.: Analog Design Centering and Sizing. Springer Verlag, 2007

[GRGFRV02]   GUERRA, O. ; RODRIGUEZ-GARCIA, J. D. ; FERNANDEZ, F. V. ; RODRIGUEZ-VAZQUEZ, A.: A Symbolic Pole/Zero Extraction Methodology Based on Analysis of Circuit Time-Constants. In: Analog Integrated Circuits and Signal Processing 31 (2002), Nr. 2, 101-118. http://www.springerlink.com/content/fumfypxwrvdna52x/fulltext.pdf

[GWS89]   GIELEN, G.G.E. ; WALSCHARTS, H.C.C. ; SANSEN, W.M.C.: ISAAC: a symbolic simulator for analog integrated circuits. In: Solid-State Circuits, IEEE Journal of 24 (1989), Nr. 6, S. 1587–1597

[Hal88]   HALEY, S.B.: The generalized eigenproblem: pole-zero computation. In: Proceedings of the IEEE 76 (1988), Nr. 2, 103-120. http://ieeexplore.ieee.org/stampPDF/getPDF.jsp?tp=&arnumber=00004388

[Hal91]   HALEY, S.B.: Modification-decomposition transformation in analog design. In: International Journal of Computer Aided VLSI Design (1991), S. 407–428

Literaturverzeichnis

[Hen] HENNIG, E.: Analog Insydes Add-Ons. http://sourceforge.net/projects/aidc/

[Hen00] HENNIG, Eckhard: Symbolic Approximation and Modeling Techniques for Analysis and Design of Analog Circuits, Technische Universität Kaiserslautern, Diss., 2000

[Hen02] HENNIG, Eckhard: Matrix Approximation Techniques for Symbolic Extraction of Poles and Zeros. In: Analog Integrated Circuits and Signal Processing 31 (2002), Nr. 2, 81-100. http://www.springerlink.com/content/1xg476ebbv90e033/fulltext.pdf

[HH89] HALEY, S.B. ; HURST, P.J.: Pole and zero estimation in linear circuits. In: Circuits and Systems, IEEE Transactions on 36 (1989), Nr. 6, 838-845. http://ieeexplore.ieee.org/stampPDF/getPDF.jsp?tp=&arnumber=00090403

[HHd95] HUIJSING, J. H. ; HOGERVORST, R. ; DE LANGEN, K.: Low-Power Low-Voltage VLSI Operational Amplifier Cells. In: Circuits and Systems I: Fundamental Theory and Applications, IEEE Transactions on 42 (1995), Nr. 11, S. 841–852

[HS94] HSU, J.J. ; SECHEN, C.: Fully symbolic analysis of large analog integrated circuits. In: Custom Integrated Circuits Conference, 1994., Proceedings of the IEEE 1994, 1994, S. 457–460

[HS95] HSU, J.J. ; SECHEN, C.: Accurate extraction of simplified symbolic pole/zero expressions for large analog IC's. In: Circuits and Systems, 1995. ISCAS '95., 1995 IEEE International Symposium on Bd. 3, 1995, S. 2083–2087

[HS00]   HENNIG, E. ; SOMMER, R.: Frequency compensation of closed-loop feedback amplifier systems. In: Circuits and Systems, 2000. Proceedings. ISCAS 2000 Geneva. The 2000 IEEE International Symposium on Bd. 3, 2000, S. 121–124

[HTVF07]   H., William ; TEUKOLSKY, S. A. ; VETTERLING, W. T. ; FLANNERY, B. P.: Numerical Recipes 3rd Edition: The Art of Scientific Computing. Cambridge University Press, 2007

[IF04]   IVANOV, Vadim V. ; FILANOVSKY, Igor M.: Operational Amplifier Speed and Accuraxy Improvement. Kluwer Academic Publishers, 2004

[JM97]   JOHNS, David ; MARTIN, Ken: Analog Integrated Circuit Design. John Wiley and Sons, 1997

[Kam05]   KAMPE, Jürgen: Struktursynthese für analoge Systemkomponenten - Einführung in einen High-Level Lösungsansatz. Logos Verlag Berlin, 2005

[Klu03]   KLUPSCH, S.: Entwurfsmethodik heterogener Systeme, TU Darmstadt, Diss., 2003

[KMG74]   KAMATH, B.Y.T. ; MEYER, R.G. ; GRAY, P.R.: Relationship between frequency response and settling time of operational amplifiers. In: Solid-State Circuits, IEEE Journal of 9 (1974), Nr. 6, S. 347–352

[KNS+08]   KRAUSSE, Dominik ; NOWAK, Jacek ; SCHÄFER, Eric ; SOMMER, Ralf ; HENNIG, Eckhard: Frequency Compensation by Automated Topology Modification Using Mixed Analytical and Numerical Methods for Design of Fast TIA

Literaturverzeichnis

for High-speed Optoelectronic Applications. In: Proc. SMACD'08. Erfurt, Deutschland, 2008, S. 118–126

[KSS08] KRAUSSE, Dominik ; SCHÄFER, Eric ; SOMMER, Ralf: Kompensation schneller Transimpedanzverstärker durch automatische Schaltungsstrukturmodifikation basierend auf symbolischer Schaltungsanalyse. In: Proc. ANALOG 2008. Siegen, Deutschland : VDE Verlag, 2008, S. 113–118

[Kun95] KUNDERT, Kenneth S.: The Designer's Guide to SPICE and SPECTRE. Kluwer Academic Publishers, 1995

[LLM03] LEE, Hoi ; LEUNG, Ka N. ; MOK, P.K.T.: A dual-path bandwidth extension amplifier topology with dual-loop parallel compensation. In: Solid-State Circuits, IEEE Journal of 38 (2003), Nr. 10, S. 1739–1744

[LM03] LEE, Hoi ; MOK, P.K.T.: Active-feedback frequency-compensation technique for low-power multistage amplifiers. In: Solid-State Circuits, IEEE Journal of 38 (2003), Nr. 3, S. 511–520

[LM04] LEE, Hoi ; MOK, P.K.T.: Advances in active-feedback frequency compensation with power optimization and transient improvement. In: Circuits and Systems I: Regular Papers, IEEE Transactions on 51 (2004), Nr. 9, S. 1690–1696

[LM10] LANGE, S. ; MEISTER, M.: Characterization Report - PDIC Photo Detector Integrated Circuit. Version: 2010. http://www.imms.de

[LMKS00]   LEUNG, Ka N. ; MOK, P.K.T. ; KI, Wing-Hung ; SIN, J.K.O.: Three-stage large capacitive load amplifier with damping-factor-control frequency compensation. In: Solid-State Circuits, IEEE Journal of 35 (2000), Nr. 2, S. 221–230

[LS94]   LAKER, Kenneth R. ; SANSEN, Willy M. C.: Design of Analog Integrated Circuits and Systems. MCGraw-Hill, 1994

[Lue03]   LUEDECKE, A.: Simulationsgestützte Verfahren für den Top-down-Entwurf heterogener Systeme, Universität Duisburg-Essen, Diss., 2003

[Lun07]   LUNZE, Jan: Regelungstechnik 1 - Systemtheoretische Grundlagen, Analyse und Entwurf einschleifiger Regelungen. Springer Verlag, 2007

[MAP97]   MOSER, V. ; AMANN, H.P. ; PELLANDINI, F.: Behavioural Modelling of Analogue Systems with ABSynth. Kluwer Academic Publishers, 1997

[Mat87]   MATHIS, Wolfgang: Theorie nichtlinearer Netzwerke. Springer Verlag Berlin, 1987

[Mey07]   MEYWERK, Martin: CAE-Methoden in der Fahrzeugtechnik: Mit 10 Tabellen. Springer Verlag Berlin, 2007 http://deposit.d-nb.de/cgi-bin/dokserv?id=2874161&prov=M&dok_var=1&dok_ext=htm. – ISBN 9783540498667

[Mic81]   MICHEL, H.J.: Zweitor-Analyse mit Leistungswellen. Teubner Verlag, 1981

Literaturverzeichnis

[Mid06] MIDDLEBROOK, R.D.: The general feedback theorem: a final solution for feedback systems. In: IEEE Microwave Magazine 7 (2006), Nr. 2, S. 50–63

[Mun] MUNEDA: WiCkeD. www.muneda.com

[MV99a] MEYBERG ; VACHENAUER: Höhere Mathematik 1. Springer Verlag Berlin, 1999

[MV99b] MEYBERG ; VACHENAUER: Höhere Mathematik 2. Springer Verlag Berlin, 1999

[NKP94] NEBEL, G. ; KLEINE, U. ; PFLEIDERER, H. J.: Symbolic Pole/-Zero Calculation using SANTAFE. In: Solid-State Circuits Conference, 1994. ESSCIRC '94. Twentieth European, 1994, S. 152–155

[NW99] NOCEDAL, J. ; WRIGHT, S. J.: Numerical Optimization. Springer Verlag, 1999

[Nyq32] NYQUIST, Harry: Regeneration Theory. In: Bell System Technical Journal 11 (1932), S. 126–147

[NZA99] NG, Hiok-Tiaq ; ZIAZADEH, R.M. ; ALLSTOT, D.J.: A multistage amplifier technique with embedded frequency compensation. In: Solid-State Circuits, IEEE Journal of 34 (1999), Nr. 3, S. 339–347

[Ogr94] OGRODZKI, J.: Circuit Simulation Methods and Algorithms. CRC Press, 1994

[Qua89] QUARLES, T.L.: SPICE3 Version 3c1 User's Guide. Version: 1989. http://www.eecs.berkeley.edu/Pubs/TechRpts/1989/ERL-89-46.pdf. Memorandum

Literaturverzeichnis

[Raz03]   RAZAVI, Behzad: Design of integrated circuits for optical communications. MCGraw-Hill, 2003 http://www.gbv.de/dms/bowker/toc/9780072822588.pdf. – ISBN 0072822589

[Rie88]   RIEDEL, Friedberth: MOS-Analogtechnik. Akademie-Verlag Berlin, 1988

[Sö05]   SÄCKINGER, Eduard: Broadband Circuits for Optical Fiber Communication. John Wiley and Sons, 2005

[Saf10]   SAFT, Benjamin: Frequenzgangsoptimierung eines integrierten Ausgangsverstärkers mit Hilfe automatisierter Topologiemodifikation, Technische Universität Ilmenau, Bachelorarbeit, 2010

[San06]   SANSEN, Willy M. C.: Analog Design Essentials. Springer Verlag Berlin, 2006

[SBFv96] SLEIJPEN, Gerard L. G. ; BOOTEN, Albert G. L. ; FOKKEMA, Diederik R. ; VAN DER VORST, Henk A.: Jacobi-Davidson Type Methods for Generalized Eigenproblems and Polynomial Eigenproblems. In: BIT Numerical Mathematics 36 (1996), Nr. 3, 595-633. http://dx.doi.org/10.1007/BF01731936

[Sca11]   SCARICEK, F.: Vorlesung Regelungstechnik. Universität der Bundeswehr - München, 2011

[Sch]   SCHITTKOWSKI, K.: Mathematische Grundlagen von Optimierungsverfahren. Universität Bayreuth : Vorlesungsunterlagen,

Literaturverzeichnis

[Sch97] SCHWARZ, Hans R.: Numerische Mathematik: Mit 158 Beispielen und 118 Aufgaben. 4. ed. Teubner Stuttgart, 1997 http://www.zentralblatt-math.org/zmath/en/search/?an=0866.65002. – ISBN 3519329603

[Sch04] SCHRÖDINGER, Karl: Monolithisch integrierte Empfängerschaltung in 0,35um CMOS für optische Übertragungssysteme mit Datenraten bis 1,25GBit/s, Technische Universität Berlin, Diss., 2004

[Sch09] SCHÄFER, Eric: Methodische Untersuchung von Performance-Optimierungen des Übertragungsverhaltens integrierter Verstärkerschaltungen auf Basis systematischer Eigenwertverschiebungen, Technische Universität Ilmenau, Bachelorarbeit, 2009

[Sei03] SEIFART, Manfred: Analoge Schaltungen. Verlag Technik Berlin, 2003

[SHDH93] SOMMER, R. ; HENNIG, E. ; DRÖGE, G. ; HORNEBER, E.H.: Equation-based symbolic approximation by matrix reduction with quantitative error prediction. In: Alta Frequenza - Rivista di Elettronica 5 (1993), Nr. 6, S. 29–37

[SHT+99] SOMMER, R. ; HENNIG, E. ; THOLE, M. ; HALFMANN, T. ; WICHMANN, T.: Symbolic Modeling and Analysis of Analog Integrated Circuits. In: Proc. ECCTD'99, 1999, S. 66–69

[Sie03] SIEGL, J.: Schaltungstechnik - Analog und gemischt analog/digital. Springer Verlag, 2003

[SM01] SCHAUMANN, Rolf ; MAC E. VAN VALKENBURG: Design of Analog Filters. Oxford University Press, 2001

Literaturverzeichnis

[Som93] SOMMER, Ralf: Konzepte und Verfahren für den rechnergestützten Entwurf von Analogschaltungen, Technische Universität Braunschweig, Diss., 1993

[Ste01] STEWART, G. W.: Matrix Algorithms Volume II: Eigensystems. SIAM Society for Industrial and Applied Mathematics, 2001

[STKF04] SHEM-TOV, B. ; KOZAK, M. ; FRIEDMAN, E.G.: A highspeed CMOS op-amp design technique using negative Miller capacitance. In: Electronics, Circuits and Systems, 2004. ICECS 2004. Proceedings of the 2004 11th IEEE International Conference on, 2004, S. 623–626

[Tec03] TECHNOLOGIES, Mindspeed: NRZ Bandwidth (-3db HF Cutoff vs SNR) How Much Bandwidth is Enough? Version: 2003. http://www.mindspeed.com/web/download/download.jsp?docId=16279. technischer Bericht

[Tim05] TIMMANN, S.: Repetitorium der gewöhnlichen Differentialgleichungen. Binomi Verlag, 2005

[TSM03] THANDRI, B.K. ; SILVA-MARTINEZ, J.: A robust feedforward compensation scheme for multistage operational transconductance amplifiers with no Miller capacitors. In: Solid-State Circuits, IEEE Journal of 38 (2003), Nr. 2, S. 237–243

[Tui92] TUINENGA, P.W.: SPICE - A Guide to Circuit Simulation and Analysis using PSpice. Prentice Hall, 1992

[TVHK01] TIAN, M. ; VISVANATHAN, V. ; HANTGAN, J. ; KUNDERT, K.:

Literaturverzeichnis

	Striving for small-signal stability. In: Circuits and Devices Magazine, IEEE 17 (2001), Nr. 1, S. 31–41
[Unb93]	UNBEHAUEN, R.: Netzwerk- und Filtersynthese: Grundlagen und Anwendungen. Oldenbourg Verlag, 1993
[Unb02]	UNBEHAUEN, Jan: Systemtheorie 1 - Allgemeine Grundlagen, Signale und Lineare Systeme im Zeit- und Frequenzbereich. Oldenbourg Verlag, 2002
[VGM01]	VARRICCHIO, S.L. ; GOMES, Jr. S. ; MARTINS, N.: s-domain approach to reduce harmonic voltage distortions using sensitivity analysis. In: Power Engineering Society Winter Meeting, 2001. IEEE Bd. 2, 2001, S. 809–814
[Vla94]	VLADIMIRESCU, Andrei: The SPICE Book. John Wiley and Sons, 1994
[VM00]	VARRICCHIO, S.L. ; MARTINS, N.: Filter design using a Newton-Raphson method based on eigenvalue sensitivity. In: Power Engineering Society Summer Meeting, 2000. IEEE Bd. 2, 2000, S. 861–866
[VML03]	VARRICCHIO, S.L. ; MARTINS, N. ; LIMA, L.T.G.: A Newton-Raphson method based on eigenvalue sensitivities to improve harmonic voltage performance. In: Power Delivery, IEEE Transactions on 18 (2003), Nr. 1, S. 334–342
[Vog91]	VOGES, E.: Hochfrequenztechnik - Band 1: Bauelemente und Schaltungen. Hüthig Verlag, 1991
[VS03]	VLACH, Jiří ; SINGHAL, Kishore: Computer methods for circuit analysis and design. 2. ed. Kluwer Academic, 2003 http://www.gbv.de/dms/ilmenau/toc/609153951.PDF. – ISBN 9780442011949

[Wei09]   WEISE, T.: Global Optimization Algorithms, Theory and Application. 2009 http://www.it-weise.de

[WH06]   WANG, X. ; HEDRICH, L.: Hierarchical exploration and selection of transistor-topologies for analog circuit design. In: Circuits and Systems, 2006. ISCAS 2006. Proceedings. 2006 IEEE International Symposium on, 2006, S. 1467–1470

[WS93]   WUNSCH, Gerhard ; SCHREIBER, Helmut: Analoge Systeme. Springer Verlag Berlin, 1993

[Wup96a]   WUPPER, Horst: Elektronische Schaltungen 1. Springer Verlag Berlin, 1996

[Wup96b]   WUPPER, Horst: Elektronische Schaltungen 2. Springer Verlag Berlin, 1996

[YESS97]   YOU, Fan ; EMBABI, S.H.K. ; SANCHEZ-SINENCIO, E.: A multistage amplifier topology with nested Gm-C compensation for low-voltage application. In: Solid-State Circuits Conference, 1997. Digest of Technical Papers. 43rd ISSCC. San Francisco, USA : IEEE International, 1997, S. 348 –349

[YS96]   YU, Qicheng ; SECHEN, C.: A unified approach to the approximate symbolic analysis of large analog integrated circuits. In: Circuits and Systems I: Fundamental Theory and Applications, IEEE Transactions on 43 (1996), Nr. 8, S. 656–669

[Zim10]   ZIMMERMANN, Horst: Integrated silicon optoelectronics. 2. ed. Springer Verlag Heidelberg, 2010 http://d-nb.info/994394446/04. – ISBN 9783642015205

i want morebooks!

Buy your books fast and straightforward online - at one of world's fastest growing online book stores! Environmentally sound due to Print-on-Demand technologies.

Buy your books online at
www.get-morebooks.com

Kaufen Sie Ihre Bücher schnell und unkompliziert online – auf einer der am schnellsten wachsenden Buchhandelsplattformen weltweit! Dank Print-On-Demand umwelt- und ressourcenschonend produziert.

Bücher schneller online kaufen
www.morebooks.de

VDM Verlagsservicegesellschaft mbH
Heinrich-Böcking-Str. 6-8
D - 66121 Saarbrücken

Telefon: +49 681 3720 174
Telefax: +49 681 3720 1749

info@vdm-vsg.de
www.vdm-vsg.de

Printed by Books on Demand GmbH, Norderstedt / Germany